新能源丛书

XIN NENG YUAN

CONG SHU

潜力无限的油气能

楼仁兴　李方正◎编著

吉林出版集团股份有限公司

图书在版编目（CIP）数据

潜力无限的油气能 / 楼仁兴，李方正编著．-- 长春：
吉林出版集团股份有限公司，2013.5
（新能源）
ISBN 978-7-5534-1964-0

Ⅰ．①潜… Ⅱ．①楼… ②李… Ⅲ．①石油资源-能
源-普及读物②天然气资源-能源-普及读物 Ⅳ．
①TE0-49

中国版本图书馆CIP数据核字（2013）第123466号

潜力无限的油气能

编　　著	楼仁兴　李方正	
策　　划	刘　野	
责任编辑	祖　航　李　娇	
封面设计	孙浩瀚	
开　　本	710mm×1000mm	1/16
字　　数	105千字	
印　　张	8	
版　　次	2013年8月第1版	
印　　次	2018年5月第4次印刷	

出　　版　吉林出版集团股份有限公司
发　　行　吉林出版集团股份有限公司
地　　址　长春市人民大街4646号
　　　　　邮编：130021
电　　话　总编办：0431-88029858
　　　　　发行科：0431-88029836
邮　　箱　SXWH0C110@163.com
印　　刷　湖北金海印务有限公司

书　　号　ISBN 978-7-5534-1964-0
定　　价　25.80元

前　言

　　能源是国民经济和社会发展的重要物质基础，对经济持续快速健康发展和人民生活的改善起着十分重要的促进与保障作用。随着人类生产生活大量消耗能源，人类的生存面临着严峻的挑战：全球人口数量的增加和人类生活质量的不断提高；能源需求的大幅增加与化石能源的日益减少；能源的开发应用与生态环境的保护等。现今在化石能源出现危机、逐渐枯竭的时候，人们便把目光聚集到那些分散的、可再生的新能源上，此外还包括一些非常规能源和常规化石能源的深度开发。这套《新能源丛书》是在李方正教授主编的《新能源》的基础上，通过收集、总结国内外新能源开发的新技术及常规化石能源的深度开发技术等资料编著而成。

　　本套书以翔实的材料，全面展示了新能源的种类和特点。本套书共分为十一册，分别介绍了永世长存的太阳能、青春焕发的风能、多彩风姿的海洋能、无处不有的生物质能、热情奔放的地热能、一枝独秀的核能、不可或缺的电能和能源家族中的新秀——氢和锂能。同时，也介绍了传统的化石能源的新近概况，特别是埋藏量巨大的煤炭的地位和用煤的新技术，以及多功能的石油、天然气和油页岩的新用途和开发问题。全书通俗易懂，文字活泼，是一本普及性大众科普读物。

　　《新能源丛书》的出版，对普及新能源及可再生能源知识，构建资源节约型的和谐社会具有一定的指导意义。《新能源丛书》适合于政府部门能源领域的管理人员、技术人员以及普通读者阅读参考。

在本书的编写过程中，编者所在学院的领导给予了大力支持和帮助，吉林大学的聂辉、陶高强、张勇、李赫等人也为本书的编写工作付出了很多努力，在此致以衷心的感谢。

鉴于编者水平有限，成书时间仓促，书中错误和不妥之处在所难免，热切希望广大读者批评、指正，以便进一步修改和完善。

目录

ONTENTS

现代工业的血液——石油 **01**

🔍 油田风光

　　石油是一种液态的矿物资源，它的可燃性能好，单位热值比煤高一倍，还具有比煤清洁、运输方便等优点。石油现在不仅是世界工业发达国家的主要能源，而且是重要工业原料；不仅是重要的军用物资，而且是日常生活的必需品。因此，石油可称为现代工业的"血液"。

　　石油是一种可燃的油质黏稠液体，主要由碳氢化合物的混合物组成。其化学成分主要由碳、氢、氧、氮、硫等组成。其中碳占84%~86%，氢占12%~14%。碳和氢不是呈自然元素存在，而是组成各种碳氢化合物，即烷族、环族和芳香族。

从油井中汲取出来未经提炼的石油称为原油，通常是不透明的暗褐色或黑色，但也可能是透明的红色、黄色，甚至是白色（巴库油田所产的原油，有的呈白色），并且有的还带有蓝色或绿色的闪光。从石油的颜色可以看出它的品质好坏，颜色越深，残渣越多；颜色越浅，残渣越少。

石油的比重比水轻，一般在0.75~1，按石油比重的大小，将石油区分为很轻的石油（比重0.7~0.8）、轻石油（比重0.8~0.9）和重石油（比重0.9~1）。比重越小的石油价值越高，色深和黏度大的石油，比重则大。

（1）现代工业

现代工业指采用现代生产技术设备的工业生产，主要包括生产工艺过程的机械化、电气化、自动化、化学化等。一般泛指20世纪末21世纪计算机的广泛应用以来，对现存物质系统飞跃性认知后发展起来的新型高技术、高信息化的工业生产，不同于"新兴工业"的概念。

（2）碳氢化合物

碳氢化合物是仅由碳和氢两种元素组成的有机化合物，又叫烃。它和氯气、溴蒸气、氧等反应生成烃的衍生物，饱和烃（和苯）不与强酸、强碱、强氧化剂（如高锰酸钾）反应，但不饱和烃（烯烃、炔烃、苯的同系物）可以被氧化或者和卤化氢发生加成反应。

（3）比重

比重也称相对密度，固体和液体的比重是该物质（完全密实状态）的密度与在标准大气压3.98℃时纯H_2O下的密度的比值。液体或固体的比重说明了它们在另一种流体中是下沉还是漂浮。比重是无量纲量，即比重是无单位的值，一般情形下随温度、压力而变。

02
石油怎样生成

　　地球上的石油是怎样生成的呢？在古代的浅海和池沼里，生长着很多藻类植物和低等的动物，这些动物和植物死后，它们的遗体就沉积在水底，日久天长，遗体的上面又沉积了许多泥沙。年代久了，泥沙经受压力，便胶结起来，成了岩层，压在动植物的尸体上，这时生长在海底的细菌，因为要从尸体中吸取氧气来生长，便把尸体分解，于是将动植物的有机质变成了碳氢化合物和蜡质、脂肪、胶质等。其

抽油机

中气体的碳氢化合物变成了天然气；蜡质、脂肪、胶质再经过细菌分解，同时又受着压力和地热的作用，经过千万年的变化，最后就成了油滴，附着在砂土颗粒上。结果油就在砂土的空隙中保存下来。

石油大多数聚积在砂岩、粗砂岩和砾岩中，富于裂隙的石灰岩里，也是石油聚积的好场所，这种聚积石油的岩层，叫做"聚油层"。

石油的形成是一个漫长、复杂的化学作用过程，有机质是生成石油和天然气的物质基础，一定的物理、化学条件则是成油的外部条件。油气的生成过程实际上是有机物质在一定条件下，去氧、加氢、富集碳的复杂过程，但前提是必须具备一定的温度和压力。

（1）浅海

浅海大陆周围较平坦的浅水海域，即大陆架。其平均宽度为75千米，深度从数十米到几百米不等，平均在130米左右。由于浅海带始终处于海水面以下，水动力条件较弱。浅海带阳光充足，植物茂盛，各种底栖、浮游生物大量繁殖，其种类和数量大大超过其余各带。

（2）池沼

池沼指比湖泊小的水体。界定池沼和湖泊的方法颇有争议性。一般而言，池沼是小得不需使用船只而多采用竹筏渡过的。另一个定义则是可以让人在不被水全淹的情况下安全横过，或者水浅得阳光能够直达塘底。池沼也可以指人工建造的水池。

（3）藻类植物

藻类植物一般被认为是简单的植物，包括数种不同类以光合作用产生能量的生物。虽然其他藻类看似从蓝绿藻得到光合作用的能力，但是在演化上有独立的分支。所有藻类缺乏真的根、茎、叶和其他可在高等植物上发现的组织构造。

03
石油如何富集

含油地层如果受到某种压力的作用，就会断裂，或向上弯曲，或向下弯曲，形成"褶曲"。向上弯曲的叫"背斜"，向下凹陷的叫"向斜"。当含油层的顶板和底板都是不透水层时，由于石油比水轻，就向含油层的顶部移动，就这样，含油层的最顶部即为天然气富集区，下面即是石油富集区，形成油气田。

形成油气的原始岩层几乎都是致密的泥岩、页岩之类，叫做生油岩或生油岩系。由于生油层的岩石孔隙微小，裂隙很少，又不连

🔍 钻井平台

通，而油气只能分散存在于岩石颗粒当中，因此不容易富集成矿。如果生油层附近较疏松，且孔隙较多时，油气就会发生运移，就容易富集成矿了。这种油气能在其中流动和富集的岩层就称为储油层。通常的储油层岩石是砂岩和砾岩，其次是石灰岩和白云岩，也有裂隙发育的页岩、变质岩和火山岩等。

当石油和天然气从生油层里运移到储油层以后，在适当的条件环境下，聚集起来就形成石油矿藏和天然气矿藏了。

（1）地层

地层指地质历史上某一时代形成的层状岩石。在正常情况下，先形成的地层居下，后形成的地层居上。层与层之间的界面可以是明显的层面或沉积间断面，也可以由于岩性、矿物成分、化学成分、物理性质等的变化导致层面不十分明显。

（2）断裂

断裂是指岩层被断错或发生裂开。按两盘相对运动的方向，断层可分为基本的三类：正断层、逆断层和平推断层。上盘相对下降、下盘相对上升的断层称正断层，断层面倾角一般较陡。上盘相对上升、下盘相对下降的断层是逆断层。

（3）褶曲

褶曲是地质构造中褶皱的基本单位，即褶皱变动中岩层的一个弯曲。褶曲具备如下要素：核（中心）、翼（两侧）、顶角（两翼交角）、轴面（平分顶角的假想面）、枢纽（轴面与岩层面的交线）、轴（轴面与水平面的交线）、转折端（两翼会合的部分）。

04
石油的色彩

🔍 克拉玛依油田

　　不同地域、不同时代的石油具有不同的色彩，想不到埋藏在地壳之中的石油竟是五彩缤纷的。颜色有绿色、墨绿色、黄色、棕色、红棕色、黑色、褐色甚至是无色，一应俱全。例如，中国四川川中一口油井的石油近于无色；克拉玛依石油呈褐色至黑色；玉门、大庆、胜利石油则均为黑色；波尔德斯蒂的迈欧特期地层中都产有透明且几乎无色的油质，而在巴考康培尼—巴尔乔地中海期石油是红色的；前苏联巴库也产浅色或无色石油；罗马尼亚拜科伊布斯特纳里和康博纳所产的原油为橄榄绿色。

　　石油为什么会出现这么多颜色呢？首先，不同地区或不同油层的石油在物理、化学性质上有显著的差异。例如，化学成分的差异，不同的胶质、沥青质含量的不同，决定了石油不同的颜色。胶质、沥青质含量越高，颜色越深；反之，颜色越淡。中国石油大多产于中生界，成熟度较低。因比，一般油田均产黑色、绿色、褐色石油，只有部分产于上古生界的石油颜色较浅。如四川独山子油田石炭系地层产无色石油。罗马尼亚出于达西期的石油大多是深色的，而所产的石油，则大多产于迈欧特期地层中。

石油学家往往根据石油的颜色来确定石油的成熟度（色浅成熟度高，色深成熟度低）和形成时间早晚（老地层的石油色浅，新地层的石油色深）。

（1）地壳

地壳是指由岩石组成的固体外壳，地球固体圈层的最外层，岩石圈的重要组成部分，可以用化学方法将它与地幔区别开来。其底界为莫霍洛维奇不连续面。整个地壳平均厚度约17千米，其中大陆地壳厚度较大，平均约为33千米；大洋地壳则远比大陆地壳薄，厚度只有几千米。

（2）克拉玛依

克拉玛依市是以石油命名的城市。"克拉玛依"系维吾尔语"黑油"的译音，得名于市区东北角一群天然沥青丘——黑油山。克拉玛依是新中国成立后勘探开发的第一个大油田，2002年其原油产量突破1000万吨，成为中国西部第一个原油产量上千万吨的大油田。

（3）大庆

大庆市是黑龙江省西部下辖的地级市。大庆位于松嫩平原中西部，为中国第一大油田、世界第十大油田。大庆油田所在地，是一座以石油、石化为支柱产业的的新兴城市，是中国最大的陆上油田和重要的石油化工基地。

05
琳琅满目的石油产品

🔍 石油

　　中国大庆油田开采出的原油，是一种含硫低、含蜡高的优质原油，可以炼制出许多高质量的石油产品，有汽车用的汽油，点灯用的煤油，拖拉机用的柴油，喷气式飞机用的特种油，各种发动机用的润滑油，还有石油焦等，此外，还生产石蜡和乙烯等。

　　石油是优质的动力燃料。1千克石油燃烧，可产生约4万焦耳热量。现代工业、国防、交通运输对石油的依赖程度是很大的，飞机、汽车、拖拉机、导弹、坦克、火箭等高速度、大动力的运载工具和武器，主要是依靠石油的产品——汽油、柴油和煤油作为动力来源。

从石油中可以提炼出来各种润滑油和润滑脂。把润滑剂放进机械里边，可以减少机械的磨损，保护零件，延长使用寿命。

石油还是重要的化工原料。人们的衣食住行都离不开石油产品。有人统计，目前石油的产品超过5000种，已渗透到人类生活的所有领域。例如，三大合成材料：合成纤维、合成塑料、合成橡胶，都是用石油做原料，经过多次化学加工生产出的产品。百货公司里五颜六色的塑料产品，琳琅满目的的确良衣物和毛毯等，都是石油的新贡献。

（1）煤油

煤油纯品为无色透明液体，含有杂质时呈淡黄色，略具臭味，不溶于水，易溶于醇和其他有机溶剂。易挥发、易燃，挥发后与空气混合形成爆炸性的混合气。燃烧完全，亮度足，火焰稳定，不冒黑烟，不结灯花，无明显异味，对环境污染小。

（2）柴油

柴油又称油渣，是石油提炼后的一种油质的产物。它由不同的碳氢化合物混合组成。易燃、易挥发，不溶于水，易溶于醇和其他有机溶剂。柴油广泛用于大型车辆、船舰、发电机等，主要用作柴油机的液体燃料。由于高速柴油机（汽车用）比汽油机省油，柴油需求量增长速度大于汽油。

（3）石油焦

石油焦是原油经蒸馏将轻重质油分离后，重质油再经热裂的过程转化而成的产品，从外观上看，焦炭为形状不规则、大小不一的黑色块状（或颗粒），有金属光泽，焦炭的颗粒具多孔隙结构，主要的组成元素为碳。

06
地球上石油知多少

　　20世纪50年代以前，在矿物燃料的使用中，一直是以煤炭为主，煤炭耗量达世界总能耗的一半以上；20世纪50年代以后，大量的廉价石油涌进燃料市场。这种燃料价廉，热值高，使用方便，因而逐渐替代了煤炭在燃料中的地位。石油的消耗量曾达到世界总能量的49%左右。

🔍 煤炭

从20世纪50年代以来，人们无忧无虑地享受着石油带来的好处，特别在一些发达的资本主义国家里，能源浪费十分惊人。20世纪70年代出现了能源危机，人们不禁问道：世界石油资源无穷尽地开采能持续多久？地球上究竟有多少石油？

据美国地质调查局的统计和预测，到目前为止，全世界累计采出原油640亿吨，已探明的剩余可采储量约1030亿吨。用概率法估算未被发现的可采储量为460亿~2020亿吨，中值为790亿吨。世界最终潜在采油量可达到2450亿吨，在2030年以前，可满足目前原油开采速度的需要。

（1）煤炭

煤炭是古代植物埋藏在地下经历了复杂的生物化学和物理化学变化逐渐形成的固体可燃性矿物。一种固体可燃有机岩，主要由植物遗体经生物化学作用，埋藏后再经地质作用转变而成。煤炭被人们誉为"黑色的金子""工业的食粮"，它是18世纪以来人类世界使用的主要能源之一。

（2）资本主义

资本主义指的是一种经济学或经济社会学的制度，在这样的制度下绝大部分的生产资料都归私人所有，并借助雇佣劳动的手段以生产工具创造利润。在这种制度里，商品和服务借助货币在自由市场里流通。

（3）能源危机

能源危机是指因为能源供应短缺或是价格上涨而影响经济。这通常涉及石油、电力或其他自然资源的短缺。能源危机通常会造成经济衰退。从消费者的观点，汽车或其他交通工具所使用的石油产品价格的上涨降低了消费者的信心并增加了他们的开销。

07

中东是个石油库

🔍 储油罐

　　据英国《经济学家》周刊报道，目前全球已探明的石油储量为1万亿桶，其中一多半蕴藏于中东地区。在已探明的石油储量中，北美、欧洲和拉丁美洲各占有8%，非洲和亚太地区分别拥有7%和4%。

　　据统计，至1998年已探明石油储量居世界前五位的国家均在中东，依次为沙特阿拉伯、伊拉克、阿联酋、科威特和伊朗。其中沙特阿拉伯现已探明的石油储量达2620亿桶，按照目前的生产速度，中东地区已探明的石油储量还可以开采88年。由中东产油国组成的石油输出国组织（欧佩克）的石油储量可以开采75年。

目前所知，世界石油主要集中分布在以下地区：中东波斯湾地区，储量约占世界总量的57%；欧洲，约占世界总量的1/6；拉丁美洲和北美洲，约占世界总量的1/7；非洲，约占世界总量的1/9；亚洲及太平洋地区，约占世界总量的1/16。

沙特阿拉伯是世界上最大的储油国，而且中部沙漠地带和西部地区还有待勘探和开发，新的油气藏不断发现。其次是俄罗斯，石油沉积层覆盖面积为全国面积的一半，新油藏的发现可能性很大。然后是科威特、伊朗、伊拉克等国。德国《经济周报》指出："巨大的储藏在远东沉睡，仅南中国海的石油储量就占世界海底石油储量的1/4。"此外，北极大陆架、美国大西洋海域、东南亚海域均有良好的前景。

（1）中东地区

"中东地区"或"中东"是指地中海东部与南部区域，从地中海东部到波斯湾的大片地区，"中东"地理上也是非洲东北部与亚洲大陆西南部的地区。"中东"不属于正式的地理术语。中东地区的气候类型主要有热带沙漠气候、地中海气候、温带大陆性气候，其中热带沙漠气候分布最广。

（2）拉丁美洲

拉丁美洲通常用来指称美国以南的美洲大片以罗曼语族语言作为官方语言或者主要语言的地区。拉丁美洲由墨西哥、大部分的中美洲、南美洲以及西印度群岛组成，自然资源丰富但经济水平较低。本区居民主要以农业生产为主，工业以初级加工为主，本区国家均为发展中国家。

（3）沙特阿拉伯

沙特阿拉伯位于亚洲西南部的阿拉伯半岛。沙特阿拉伯是名副其实的"石油王国"，石油储量和产量均居世界首位，使其成为世界上最富裕的国家之一。沙特阿拉伯实行自由经济政策，石油和石化工业是其经济命脉。

08
近海多石油

20世纪60年代以前，世界油气资源的勘探和开采活动大部分是在陆地上进行的，海域的勘探活动仅限于美国墨西哥湾和中东地区的波斯湾等几个有限海区，不大引人注目。但经过20世纪60年代末至70年代初出现的第一次海域找油热潮，特别是从1979年至今仍在继续的第二次热潮，近年油气开发有了很大的进展，世界油气勘探的重点已开始逐渐从陆地转向海洋。

广阔的海洋按照海水的深浅可分为大陆架（即近海区，水深为200米以内）、

 油田风光

大陆斜坡（水深为200~2000米）和大洋区（水深为2000~6000米）。近海区指大陆上的第三级阶梯继续向海面以下延伸的浅海区，即在地图上用浅蓝色标出的地区。该区水浅，空气比较充足，水温较高，而且上下水温相差不大，阳光能够穿透整个水层，再加上又有从陆上江河带来的大量养料，因此，成为海生生物繁殖的地区，是海底最繁华的世界。据统计。浅海区的生物总量为深海生物总量的15倍，大量的有机质被江河从大陆上带来的泥沙快速掩埋起来，为石油的储存准备了仓库，这就是石油和天然气资源多蕴藏在近海域的原因。

（1）墨西哥湾

墨西哥湾呈半圆形，东西长约1609千米，南北宽约1287千米，面积约为154.3万平方千米，是仅次于孟加拉湾的世界第二大海湾。平均深度为1512米，最大水深为5203米。墨西哥湾的浅大陆棚区蕴藏大量的石油和天然气。1940年以来，这些矿藏已经大量开发，占美国国内需求的很大一部分。

（2）波斯湾

波斯湾位于阿拉伯半岛和伊朗高原之间。西北起阿拉伯河河口，东南至霍尔木兹海峡。海湾地区为世界最大石油产地和供应地，已探明石油储量占全世界总储量的一半以上，年产量占全世界总产量的1/3。

（3）大陆架

大陆架是大陆向海洋的自然延伸，通常被认为是陆地的一部分。它是指环绕大陆的浅海地带。大陆架有丰富的矿藏和海洋资源，已发现的有石油、煤、天然气、铜、铁等20多种矿产。

09
近海油气储量惊人

　　世界大陆架区面积约2800万平方千米，近海含油气盆地约1600万平方千米，其中有开发远景的面积达500多万平方千米。估计蕴藏量达1300亿~1500亿吨，约占世界石油地质总储量的2/5，而目前探明储量仅270多亿吨。天然气蕴藏量为140万亿立方米，探明储量约96万亿立方米。现已发现820多个海洋油气盆地，共计有1600多个油气田。近20

♀ 石油码头

年来，全世界发现的新油气田有60%~70%是在近海域，其中大部分在陆架区。

海上石油产量从20世纪70年代的3.8亿吨，到20世纪80年代增至7.24亿吨，在世界石油总产量中的比重由20%增至25%左右，到20世纪90年代初海上累计采油近100亿吨，其中约65%是20世纪70年代以来采出的。据统计，可采储量大于10亿吨的特大型海洋油田有10个，产量最高的海上油田是波斯湾内沙特阿拉伯的萨法尼油田，日产量达到150万桶。由于海上油田的开发，使世界石油每年总产量增加到目前的28亿~30亿吨。

（1）含油气盆地

含油气盆地是指在漫长的地质历史时期，受构造运动的影响，地壳表面曾不断沉降，并发生过油气生成作用，富集为工业油气藏的沉积洼陷区域。中国的含油气盆地有松辽盆地、塔里木盆地、准格尔盆地等。

（2）地质储量

地质储量是指根据区域地质调查、矿床分布规律，或根据区域构造单元，结合已知矿产的成矿地质条件所预测的储量。这类储量的研究程度和可靠程度很低，未经必要的工程验证，一般只能作为进一步安排及规划地质普查工作的依据。

（3）探明储量

探明储量是指经过一定的地质勘探工作而了解、掌握的矿产储量，以区别于未经任何调查或仅依据一般地质条件预测的，其质和量、赋存状态及开采利用条件均不明的矿产资源。探明储量是进行矿山建设、制定国民经济计划、合理规划工农业布局的重要依据之一。

10
海底油库

🔍 油气勘探

在辽阔的海底蕴藏着丰富的石油和天然气资源。中国有将近460万平方千米的辽阔海域，有18 000多千米的海岸线，浅海大陆架宽阔，渤海、黄海、东海和南海的南北两翼都有面积广大、沉积巨厚的大型盆地，石油和天然气的蕴藏量极大。

在中国广阔的大陆架上，现在已发现十多个大型沉积盆地，其中最大的有渤海盆地、南黄海盆地、东海盆地、南海珠江口盆地、北部湾盆地、莺歌海盆地等。经勘探证实，都具有良好的含油气远景，有的已喷出工业性油气流。

渤海平均水深为21米，是地质史上中生代和新生代沉降形成的坳陷盆地，沉积岩层厚达4000米以上。这里含油气盆地是胜利、大港、辽河等油田向海洋的延伸部分，面积达8万平方千米，是世界上具有丰富储油远景的海底地区之一，现已打出了一批高产油气井。

南黄海盆地是苏北含油气盆地（向海底的）延伸部分，面积达8.7万平方千米，沉积岩层一般厚度为1500米以上，并有良好的圈闭构造，为石油的生成和储藏提供了有利条件。

东海盆地的面积为46万平方千米，沉积岩层厚度达2000米，含油气构造成群分布，珠江口盆地与莺歌海盆地都已发现油气蕴藏，并获得了工业油流和气流。

有人认为中国海底石油储量巨大，可与中东相提并论。

（1）海岸线

海岸线是陆地与海洋的分界线，一般指海潮时高潮所到达的界线。海岸线从形态上看，有的弯弯曲曲，有的却像条直线。而且，这些海岸线还在不断地发生着变化。

（2）渤海盆地

渤海盆地包括北京、天津两市和河北、山东、河南、辽宁四省的一部分及渤海海域，面积近20万平方千米。该盆地石油普查始于1956年，经历了20多年的陆地和海域石油勘探发现了近100个油气田，先后成立了胜利、辽河、华北、大港、中原、渤海、冀东七大石油公司。

（3）东海盆地

东海盆地是位于福建—岭南水下隆起与琉球群岛之间的浅海盆地，是欧亚大陆东部正在发展中的一个边缘海，面积约46万平方千米。东海盆地是中国海上最大的含油气盆地之一，西湖凹陷是该盆地油气资源的富集区，潜在的油气资源十分丰富，前景乐观。

中国学者的生油理论

11

从石油的成因来说，目前科学家们比较公认的学说是有机成因假说，他们认为只有海相生油，而反对陆相生油。而中国地质学家于20世纪早期就提出了陆相生油理论，后来在实践中证实了这个理论的正确性，并用这个理论作指导，在中国找到了一批又一批的大中型油田。从此，把"中国贫油"的帽子抛到了太平洋。

1935年，地质学家李四光在英国讲学期间指出，在中国东部有可能找到石油，并在他所著的《中国地质学》中写道："如果在华北平原下部，钻到足够深度，似乎没有多大问题会遇到白垩纪地层，并用地震的方法去勘探时，可能会揭露有重要经济价值的沉积物"（这里指的就是石油）。

🔍 新疆黑油山风光

被誉为地质泰斗的中国著名的地质学家黄汲清，在1942年第一个在世界上明确提出了"陆相生油论"和"多期生油论"。所谓陆相生油，就是在大路上的湖泊、沼泽、河流环境下，水中的泥沙等物质沉积在湖底、河床等地形成岩石。李四光、黄汲清认为，在地质时代的湖泊里，例如在新生代的松辽盆地、四川盆地、华北平原、江汉平原等，都有巨大的湖，湖水里有机物质十分丰富，不少于海洋中的有机物质，它们死亡后，同其他沉积物一起沉积，经过厌氧细菌的作用，同样可以生成石油，这就是陆相生油理论。

陆相生油理论是中国地质学家根据中国的地质条件提出来的，用这种理论作指导，在中国的松辽盆地、四川盆地、华北平原等地，先后找到了一个个油田，为中国经济建设立下了汗马功劳。

（1）李四光

李四光（1889—1971），中国著名地质学家，毕业于英国伯明翰大学，获博士学位。中央研究院院士，中国科学院院士。1932年任中央大学（1949年更名为南京大学）代理校长。他为中国甩掉了"贫油"的帽子，创立了地质力学理论。

（2）黄汲清

黄汲清（1904—1995），大地构造学家、地层古生物学家、石油地质学家。他首次系统地划分出中国主要构造单元和大地构造旋回，提出陆相生油论，具体部署、指导中国石油天然气地质普查勘探，为我国油气资源的重大突破，为大庆等一系列大油气田的发现作出了杰出贡献。

（3）白垩纪

白垩纪是地质年代中中生代的最后一个纪，长达8000万年，是显生宙的最长一个阶段。白垩纪—第三纪灭绝事件是地质年代中最严重的大规模灭绝事件之一，包含恐龙在内的大部分物种灭亡。

12 中国石油资源的前景

评论石油资源的前景，要从沉积盆地谈起。中国沉积盆地面积大于10万平方千米的有10个，分别是塔里木盆地、华北盆地、鄂尔多斯盆地、松辽盆地、四川盆地、黔桂盆地、准格尔盆地、柴达木盆地、二连盆地和藏北盆地，总面积超过了244万平方千米。此外，还有大量的中小型盆地，有些已经发现了油田或工业油流，如酒泉盆地、南襄盆地、苏北盆地、台湾盆地、三水盆地和百色盆地等。但这些盆地只占中小型盆地的一部分，其他盆地由于勘探工作少，还没有发现油田或工业油流。

中国石油资源的情况，同美国大体相同。美国含油气盆地中，面积大于10万平方千米的也有10个，陆地沉积岩总面积为469万平方千

🔍 石油管道

米，沉积岩总本为2010万平方千米，最终可采储量为153亿吨。由于美国含油盆地勘探程度高，而且到1979年底，已经采出石油60亿吨，所以实际采储量比较接近最终可采储量的预计。

中国的石油资源同美国可以类比，可采储量都在150亿吨以上，而美国已经开采出了一半左右，而中国才开采出1/10左右，所以说中国的石油资源前景是非常乐观的。

从产量上来看，中国与美国的情况也有类似的地方，美国从1859年开始年产量仅300吨，到1923年达到了1亿吨，1970年达到最高峰，为53 088万吨，以后就逐年降低，1973年降到了5亿吨。而中国1907年产量不足100吨，到1978年达到了1亿吨。

（1）工业油流

在储量计算中以获得工业油气流为储量起算的产量标准。对于探井来说，以获得工业油气流来确认其为发现井或成功井。

（2）沉积岩

沉积岩是三种组成地球岩石圈的主要岩石之一，是在地表不太深的地方，将其他岩石的风化产物和一些火山喷发物，经过水流或冰川的搬运、沉积、成岩作用形成的岩石。在地球地表，有70%的岩石是沉积岩。沉积岩中所含有的矿产，占世界全部矿产蕴藏量的80%。

（3）可采储量

可采储量是在现有经济和技术条件下，可从矿藏（或油气藏）中采出的那一部分矿石量（或油气量）。

13 "死亡之海"里的石油

🔎 塔克拉玛干沙漠

在中国大西北的塔里木盆地中心，有一块世界闻名的大沙漠，这就是"塔克拉玛干"沙漠。它东西长约1000千米，南北宽约400千米，面积约为33万平方千米。

塔克拉玛干大沙漠约占全国沙漠总面积的47%，是中国最大的沙漠。沙漠里水分很少，条件很恶劣，以流动山丘为主，也是世界上仅次于阿拉伯沙漠的第二大沙漠，给人类造成极大的危害。维吾尔语"塔克拉干"就是"进去出不来"的意思，古今中外不知有多少人为了探寻这个大沙漠的秘密，不幸葬身于沙漠中。

地质学家经过深入的地质调查，搞清了这块大沙漠的来龙去脉：

距今5亿年前，这里曾是一片汪洋大海；两亿多年前，由于受到南方印度板块的推搡，它才从海底抬升起来，成为一个群山怀抱的大盆地；1亿多年前，盆地里气候温暖、湿润，满布河流湖泊；大约5000万年前，青藏高原、昆仑山、天山剧烈上升，盆地进一步封闭，海风吹不进来，而来自亚洲大陆的内部干风，把盆地中心破坏，最后造成现在的沙漠景观。

地质学家认为，具有5.5亿年海洋沉积、2.5亿年陆地沉积的死亡海深埋于地下，4个大油田，探明储量几亿吨。为了开采石油，1995年建成了长297千米的沙漠公路，直通沙漠中心。塔中油田建成，每年能提供500万吨石油。

（1）塔克拉玛干沙漠

塔克拉玛干沙漠位于中国新疆的塔里木盆地中央，是中国最大的沙漠，也是世界第二大沙漠，同时还是世界最大的流动性沙漠。整个沙漠平均年降水不超过100毫米，最低只有四五毫米，而平均蒸发量高达2500~3400毫米。

（2）维吾尔语

维吾尔语是主要分布于中国新疆维吾尔自治区的维吾尔族使用的语言和文字，使用人口约有1200万（2011）。此外，在哈萨克斯坦、乌兹别克斯坦、吉尔吉斯斯坦等国家境内也有使用者。中国境内的维吾尔语分中心、和田、罗布三种方言。标准语以中心方言为基础，以伊犁—乌鲁木齐语音为标准音。

（3）天山

天山是中亚东部地区（主要在中国新疆）的一条山脉，横贯中国新疆的中部，西端伸入哈萨克斯坦，古名白山，又名雪山，冬夏有雪。天山长约2500千米，宽250~300千米，平均海拔约5千米。天山山脉把新疆分成两部分：南边是塔里木盆地，北边是准噶尔盆地。

14

沙漠——地球的油气库

在阿拉伯半岛的沙特阿拉伯、科威特、卡塔尔、阿曼、阿拉伯联合酋长国等所在的沙漠地区，以盛产石油而闻名，是世界上最大的石油产区，已探明石油储量近600亿吨，天然气储量20万亿立方米，分别占世界油气总储量的50%和18%，这里年产原油1亿多吨，出口5亿多吨，分别占世界原油产量的1/4和出口量的2/3，如果再加上前苏联、美国、中国、澳大利亚、伊朗等地沙漠地区的储量，地球上的石油天然气资源有2/3蕴藏在沙漠底下，原油占1/3左右。

在中国西部地区的许多沙漠底下，也相继发现了丰富的油气田，例如在新疆的塔克拉玛干大沙漠、古尔班通古特沙漠、青海柴达木盆地沙漠、内蒙古的巴丹吉林沙漠等，仅石油储量就超过了700亿吨。塔

 油罐车

克拉玛干大沙漠下的石油储量相当于沙特阿拉伯的石油储量，而这里的天然气已累计探明储量为4190亿立方米。

为什么在这些大沙漠底下会蕴藏如此巨大的油气资源呢？这个问题目前还没有一个结论。一般来说，沙漠形成的年龄较新，大约在110万年以内，即第四纪冰川后期的产物，而沙漠的年龄只有8万~10万年，而油气的形成时间老于沙漠的形成，看来二者似乎没有"血缘关系"。不过从近年来的遥感图像发现，地下蕴藏油气的沙漠地表有油气晕及烃类云雾。经研究，还发现油气田是动态平衡的产物，即一边向地下的油气源补给，另一边是向地表的油气扩散。大油气田的油气资源丰富，散失的相对较大，当油气扩散到地表，烃类分子不适合生物生存，从而使土壤沙化，这或许就是油气田与沙漠的内在联系了。

（1）阿拉伯半岛

阿拉伯半岛位于亚洲和非洲之间，它从中东向东南方伸入印度洋，是世界上最大的半岛。沙特阿拉伯、也门、阿曼、阿拉伯联合酋长国、卡塔尔、科威特、约旦、伊拉克领土的一部分位于阿拉伯半岛上。其中以沙特阿拉伯为最大。

（2）第四纪冰川

第四纪冰川是地球史上最近一次大冰川期。第四纪时欧洲阿尔卑斯山山岳冰川至少有5次扩张。在我国，据李四光研究，相应地出现了鄱阳、大姑、庐山与大理四个亚冰期。现代冰川覆盖总面积约为1630万平方千米，占地球陆地总面积的11%。

（3）遥感图像

遥感图像指记录各种地物电磁波大小的胶片（或相片），在遥感中主要是指航空相片和卫星相片。用计算机处理的遥感图像必须是数字图像。计算机图像处理要在图像处理系统中进行。

15
海上石油开发技术

🔍 **海上石油勘探**

　　海上石油开发技术包括勘探、钻井和生产技术。作为勘探技术主要是板块构造学、地震地层学、地球化学和地震模拟等，特别是地震勘探不仅扩大了石油勘探的靶区范围，而且使勘探成功率大为提高。钻井和生产技术的新领域包括深海石油钻探、开发以及极地海区的石油开发等。

　　最初在海上钻探石油时，钻井机大都设在岸上，斜着向海底钻井，这当然不能向较远的海区发展。后来建造了一种像码头一样的平台，用打桩法或用浮筒法把平台的脚柱固定在海底。但平台造价很高，在水深浪大、离岸较远的海区也不易应用。人们为了向更远更深的海域发展，后来又设计了不少钻井平台，例如在平台上装有数个脚柱，立在海底，可升可降。这种升降式的钻井平台可在水深30~90米的海区工作，但在海底质地松软的情况下，钻探结束后不易拔出脚柱。浮动式的钻井平台用锚固定，只能用于平稳的海面。半潜式的钻井平台是把平台安在数个浮箱上，在工作时浮箱灌水下沉，移动时浮箱充气就可以飘浮航行。这种钻井平台性能较好，是目前应用较广的一种。

（1）勘探

勘探是对已知具有工业价值的矿床或经详查圈出的勘探区，通过加密各种采样工程，使其间距足以肯定矿体（层）的连续性，以查明矿床地质特征，确定矿体的形态、产状、大小、空间位置和矿石质量特征，详细查明矿体开采技术条件，为可行性研究或矿山建设设计提供依据。

（2）板块构造学

板块构造学是研究地球岩石圈板块的成因、运动、演化、物质组成、构造组合、分布和相互关系以及地球动力学等问题的学科。地球的岩石圈分解为若干巨大的刚性板块，在地球表面发生大规模水平转动；相邻板块之间或相互离散，或相互汇聚，或相互平移，引起地震和构造运动。

（3）地震地层学

地震地层学是以反射地震资料为基础，进行地层划分对比、判断沉积环境、预测岩相岩性的地层学分支学科。地震地层学主要用于各种沉积矿产，特别是油气资源的调查勘探。

16
南海打下深水第一钻

2012年5月9日9时38分，中国首座自主设计建造的第六代深水半潜式钻井平台"海洋石油981"的钻头，在南海荔湾6-1区域约1500米深的水下探入地层，标志着中国海洋石油工业的"深水战略"由此迈出了实质性的一步。

此次南海首钻是中国石油公司首次独立进行深水油气勘探开发，也使中国成为第一个在南海自营勘探开发深水油气资源的国家。作为中国海洋石油勘探开发由浅水向深水的重要里程碑，此举意味着中国海洋石油工业深水勘探开发的序幕正式拉开。

🔍 钻井平台

中国海洋石油总公司董事长王宜林当天在北京举行的"海洋石油981"深水钻井平台开钻仪式上指出，大型深水装备是"流动的国土"，是大力推进海洋石油工业跨越发展的"战略武器"。"海洋石油981"在中国南海海域正式开钻，开启了中国海正式挺进深水的新征程，拓展了中国石油工业发展的新空间，必将为保障中国能源安全、推进海洋强国战略和维护中国领海主权作出新贡献。

中国南海油气资源极为丰富，整个南海盆地群石油地质资源量在230亿~300亿吨，天然气总地质资源量约为16万亿立方米，占中国油气总资源量的1/3。分析人士指出，深水钻井平台在南海正式开钻，表明中国的深水作业能力领先于亚洲其他国家。

（1）海洋石油981

海洋石油981深水半潜式钻井平台于2008年4月28日开工建造，是中国首座自主设计、建造的第六代深水半潜式钻井平台，由中国海洋石油总公司全额投资建造，是世界上首次按照南海恶劣海况设计的。该平台的建成，标志着中国在海洋工程装备领域已经具备了自主研发能力和国际竞争能力。

（2）中国海洋石油公司

中国海洋石油公司是1982年2月15日成立的国家石油公司。依据《中华人民共和国对外合作开采海洋石油资源条例》，负责在中国海域对外合作开采海洋石油、天然气资源。中国海油注册资本949亿元人民币，总部设在北京，员工98 750名。

（3）钻井平台

钻井平台是指进行钻井作业的平台。随着人类对油气资源开发利用的深化，油气勘探开发从陆地转入海洋。在海上进行油气钻井施工时，几百吨重的钻机要有足够的支撑和放置的空间，同时还要有钻井人员生活居住的地方，海上石油钻井平台就担负起了这一重任。

17 | 石油是优质的燃料

从油田和矿区开采出来的原油被运送到炼化厂，由炼化厂加工成为人们需要的能源产品。在整个石油炼制过程中，一次加工、二次加工的主要目的是生产燃料油品，三次加工则是生产化工产品。由于加工石油所需求的产品结构不同，一般把炼油厂分为燃料型、燃料—润滑油型和燃料化工型。

石油工业是随着汽车工业发展起来的。20世纪30年代以前，石油工业的任务主要是从石油中尽量提取汽油、柴油及润滑油等产品，为内燃机提供燃料油。现在人们用汽油、柴油开动汽车、轮船、火车和拖拉机等，已经习以为常了。

作为燃料的石油，是一种高效能的优质能源。它的可燃性好，而且发热量高，1千克石油燃烧可以产生约4.18×10^7焦的热量，而1千克煤燃烧只产生1.67×10^7~2.3×10^7焦热量，1千克木柴燃烧仅能产生8.37×10^6~1.05×10^7焦热量，即石油的发热量比煤高1~1.5倍，比木柴高3~4倍。同时石油燃烧时烟尘少，无尘烬，对环境的污染也少。

然而，石油直接作为燃料使用是不经济、不合理的。从发热值观点看，两吨煤炭等于1吨石油。要经济合理地利用能源，应尽量用煤炭代替石油，而不应该用石油代替煤炭。更主要的是，石油作为产业的面包、文明的血液，是一种非常宝贵的矿产品。

🔍 石油钻井平台

（1）油田

油田指受构造、地层、岩性等因素控制的圈闭面积内，一组油藏的总和。有时一个油田仅包含一个油藏，有时包括若干个油藏，还可能有气藏。全世界目前已发现并开发油田共41 000个，总石油储量1368.7亿吨，主要分布在160个大型盆地中。

（2）石油工业

石油工业是燃料工业之一。从勘探、开采到加工石油一系列过程是由石油部门所完成的。为国民经济各部门提供各种燃料油，包括天然石油和油页岩的勘探、开采、炼制、储运等生产单位。

（3）润滑油

润滑油是用在各种类型机械上以减少摩擦、保护机械及加工件的液体润滑剂，主要起润滑、冷却、防锈、清洁、密封和缓冲等作用。润滑油一般由基础油和添加剂两部分组成。基础油是润滑油的主要成分，决定着润滑油的基本性质，添加剂则可弥补和改善基础油性能方面的不足，赋予某些新的性能。

18
石油是多种化工原料

我们知道，从井下开采出来的石油（原油）是各种碳氢化合物的复杂混合物。因为不同的碳氢化合物的沸点不同，所以可以用"分馏"，长链的碳氢化合物还可通过"裂化"变成较小的分子，这样就可以制成各种各样的石油化工产品。

利用石油可以制造出很多有机化合物，如药品、染料、炸药、杀虫剂、塑料、洗涤剂及人造纤维。英国工业用的有机化合物80%来自石油化工。由于裂化过程中所产生的乙烯容易与其他化学物品化合，因此可用来制出大量石油化工产品。裂化过程中还有丙烯、丁烯、石蜡和芳香剂等其他主要产品，由这些产品又可制出数以百计的石油产品。

随着科学技术的发展，碳氢化合物通过微生物的作用，还可以制造人造食用蛋白，它不仅可以用作有机化学工业原料，还可以用作无机化学工业原料。

（1）分馏

分馏是分离几种不同沸点的挥发性物质的混合物的一种方法。对某一混合物进行加热，针对混合物中各成分的不同沸点进行冷却分离成相对纯净的单一物质过程。分馏过程中没有新物质生成，只是将原来的物质分离，属于物理变化。

（2）人造纤维

人造纤维是用某些线型天然高分子化合物或其衍生物作为原料，直接溶解于溶剂或制备成衍生物后溶解于溶剂生成纺织溶液，之后再经纺丝加工制得的多种化学纤维的统称。

（3）乙烯

乙烯是由两个碳原子和四个氢原子组成的化合物。两个碳原子之间以双键连接。乙烯是合成纤维、合成橡胶、合成塑料（聚乙烯及聚氯乙烯）、合成乙醇（酒精）的基本化工原料，也用于制造氯乙烯、苯乙烯、环氧乙烷、醋酸、乙醛、乙醇和炸药等。

海上输油管

19
石油的故乡在中国

  石油在当今世界已是举世瞩目的工业能源。不难设想，这个世界如果没有石油，将会变成什么样子。然而很少有人知道，石油的故乡就在中国。

  追根溯源，石油是由中国北宋科学家沈括最早提出并命名的。现在国际通用的"石油"一词，其英文名称是"rockoil"，就是根据"石油"二字的汉字字义直译过来的。"rock"是"岩石"的意思，"oil"是"油"的意思。由中文名称译成外文专用名词，这在世界翻译史上并不多见。

  其实在中国，对石油的认识还可上溯到比沈括更早的商周时期。被列为儒家经典之一的《周易》一书，就有"泽中有火""火在水上"的记载。据现代考证，当时在湖泊（即"泽"或"水"）上燃烧的就是石油。

  战国时期的《华阳国志》及秦汉时期的《蜀都赋》，也都载有类似的记述：四川"有火井，夜时光映上昭，以家火投之，顷许如雷声，火焰出，通耀数十里"。现在看来，这里描绘的当是天然油气井了。

（1）沈括

沈括（1031—1095），字存中，号梦溪丈人，杭州钱塘（今浙江杭州）人，北宋科学家、改革家。晚年以平生见闻，在镇江梦溪园撰写了笔记体巨著《梦溪笔谈》。沈括是一位非常博学多才、成就显著的科学家，是我国历史上最卓越的科学家之一。

（2）商周时期

商周时期大约从公元前17世纪开始到前221年，前后共约1400年。商周考古通常分为商、西周、东周三个时期，而东周又可分为春秋、战国两期。商周时代遗址主要分布在黄河流域的中原地区，随着经济、文化的发展，又逐渐推进到长江流域，当时的一些少数民族的文化遗存则散布在其外围。

（3）《周易》

《周易》简称《易》，亦称《易经》。儒家尊其为六经之首，是一部中国古代哲学书籍，是建立在阴阳二元论基础上对事物运行规律加以论证和描述的书籍。

抽油机

20
沈括的巨大发现

　　北宋元丰三年（1080年）冬，朔风呼啸，冰封雪飘，陕北大地是一片白茫茫的严冬景象。延安州知府沈括为了防御西夏的入侵，正在陕北边境各地巡视。他忽然看到，在这寒冷的季节里，当地人住的圆帐篷顶上，冒出股股黑烟。帐篷上没有一片雪花，帐篷四周的积雪也在融化着。沈括好奇地走进一顶温暖的帐篷，原来，当地人是靠一种叫"石脂水"的黑色液体来取暖的。这种黏稠状的液体燃烧起来火力很强，发出了很亮的光和热。沈括便详细地询问了这种液体的名字和来历。对自然界一切事物都有着极大兴趣的沈括，仔细地考察了开采"石脂水"的情况。他看到这种黑色的液体是从岩石的缝隙中溢流出来的，并具有油的性质，觉得把它称为"石脂水"是不确切的，便将其命名为"石油"。从此，"石油"这个名称就一直沿用至今。

　　后来沈括把考察情况记录在他的名著《梦溪笔谈》中，并指出"石油重多，于水际、沙石与泉水相杂，惘惘而出，出于地中无穷"，同时科学地预见，石油"必大行于世"。宋代，石油已开始应用于军事。当时发明了一种用石油产品沥青控制火药燃烧速度的方法，据史料记载："北宋时，京都汴梁的军器监中专门设有'猛火油作'（石油经过加工炼制，人们称其为'火油'或'猛火油'）制造火器。"

🔍 储油罐

（1）北宋

北宋（960—1127）是中国历史上的一个朝代，由赵匡胤建立，都城东京（今河南开封）。北宋王朝的建立结束了自唐末以来四分五裂的局面，统治黄河中下游流域及以南一带广大地区，实现中国大部统一。1127年，金军攻破首都开封，掠走徽、钦二帝，史称"靖康之变"，北宋灭亡。

（2）西夏

西夏（1038—1227）是中国历史上由党项人在中国西部建立的一个政权。西夏属于番汉联合政治，以党项族为主导，汉族与其他族群为辅。制度由番汉两元政治逐渐变成一元化的汉法制度。西夏内部也多次发生弑君、内乱之事，经济也因战争而趋于崩溃。最后西夏于1227年亡于蒙古。

（3）《梦溪笔谈》

《梦溪笔谈》是北宋科学家沈括所著的笔记体著作，成书于1086—1093年，收录了沈括一生的所见所闻和见解。该书被西方学者称为中国古代的百科全书，已有多种外语译本。

21
油气前景可观

现在比较公认的估计数字总储量是在2700亿~3000亿吨。已探明的资源是880亿吨，能折合成1358亿吨标准煤；已探明天然气总资源量为90.54万亿立方米，折合1202亿吨标准煤。因此普遍认为，石油尚能够开采34年，天然气能够开采47年。

从第十一届世界石油会议多数人意见看，石油和天然气的前景很好。

1.石油时代尚未结束，有可能还将延续20~30年，世界石油近期将达到日需求约1122万立方米。

2.中东及北美未发现的可采石油储量介于160亿~500亿吨，等于目前该地区已发现的可采储量的44.1%，或等于目前全世界已发现的可采储量的21.3%。

3.由于新技术、新理论的发展，海底石油前景光明。海底石油主要分布在大陆架，它的面积约有2700万平方千米；其次是大陆坡，它的面积约有3800平方千米。这里是人们向海洋探寻油气宝藏的场所。目前，全世界石油总产量中，将近20%来自海底。海底天然气所占比例略小一些，但也相当高，接近总产量的12%。未来海洋很有可能为人类提供50%的石油。

（1）标准煤

标准煤亦称煤当量，具有统一的热值标准。我国规定每千克标准煤的热值为2.93×10^7焦。将不同品种、不同含量的能源按各自不同的热值换算成每千克热值为2.93×10^7焦的标准煤。

（2）海底石油

海底石油是埋藏于海洋底层以下的沉积岩和基岩中的矿产资源之一。海底石油（包括天然气）的开采始于20世纪初，随着勘探程度的增加，海上原油产量逐日增加，日产量已超过100万吨，约占世界石油总产量的1/4，估计到1990年，海底石油的产量将占世界石油总产量的35%~40%。

（3）大陆坡

大陆坡介于大陆架和大洋底之间，大陆架是大陆的一部分，大洋底是真正的海底，因而大陆坡是联系海陆的桥梁，它一头连接着陆地的边缘，一头连接着海洋。大陆坡虽然分布在水深200~2000米的海底，但是大陆坡地壳上层以花岗岩为主，通常归属于大陆型地壳，只有极少部分归属于过度性地壳。

 液化石油气库

22
天生丽质天然气

天然气是世界上继煤和石油之后的第三能源，它与石油、煤炭、水力和核能构成了世界能源的五大支柱。

天然气是蕴藏在地层中的烃和非烃气体的混合物，包括油田气、气田气、煤层气、泥火山气和生物生成气等。世界天然气产量中，主要是气田气和油田气。对煤层气的开采也已逐渐受到重视。

目前在世界能源结构中，天然气占25%，预计将来天然气将异军突起，可能增长到35%，甚至成为主要能源之一。天然气的主要成分是甲烷，其氢碳比高于石油，本身就是优质清洁型燃料，是目前世界上公认的优质高效能源，也是可贵的化工原料。天然气密度小，具有较大的压缩性和扩散性，采出后经管道输出作为燃料，也可以压缩后灌入容器中使用。开采天然气的气井存在压力差，利用这种压力差可以在不影响天然气开采和使用的情况下进行发电。

（1）煤层气

煤层气是指赋存在煤层中以甲烷为主要成分、以吸附在煤基质颗粒表面为主、部分游离于煤孔隙中或溶解于煤层水中的烃类气体，是煤的伴生矿产资源，属非常规天然气，是近一二十年在国际上崛起的洁净、优质能源和化工原料。

（2）泥火山气

泥火山气是指泥火山喷溢过程中，伴随水、泥浆、岩石碎块一起喷溢出的大量气体。其成分与油田气相似，一般含甲烷74%~98%，乙烷0~5.17%，丙烷0~2%，丁烷0~1%，更重的碳氢化合物0~1.6%，二氧化碳0.5%~11%，不燃烧的残余气体0~20%。

（3）液化天然气

液化天然气的主要成分是甲烷，被公认为地球上最干净的能源。液化天然气无色、无味、无毒且无腐蚀性，其体积约为同量气态天然气体积的1/600，液化天然气的重量仅为同体积水的45%左右。燃烧后对空气污染非常小，而且放出热量大，所以液化天然气好。

天然气净化厂

23
天然气的优点

中国是世界上最早发现和利用天然气的国家之一。早在两千年前的汉代，人们开始开凿天然气气井，称为"火井"，四川邛崃的天然气井是世界上第一口天然气井。他们创造了用竹或铁凿井、打捞工具和输气等，还掌握了测量井径、堵漏和试井等许多办法。1667年，英国开始利用天然气，是最早利用天然气的欧洲国家，比中国晚了一千多年。

天然气有许多优点：不需重复加工就可直接作为能源；加热的速度快，容易控制，方便送到需要使用的区域；质量稳定，燃烧均匀，燃烧时比煤炭和石油清洁，环境污染少；用作车用燃料，二氧化碳排放量可减少近1/3，尾气中一氧化碳含量可降低99%。此外，天然气的热值、热效率均高于煤炭和石油。总之，用"天生丽质"来形容天然气是恰当的。

天然气作为化工原料，目前主要用于生产合成氨和甲醇。另一种优化利用是通过提高附加值制取液体燃料和烯烃。这将从战略上改变各国石油化工原料主要依赖石脑油及轻柴油的局面。

○ 天然气球罐

（1）四川邛崃

四川邛崃位于四川省中部，成都平原西南，总面积1384平方千米。邛崃地势西高东低，气候温和，雨量充沛，四季分明，年降水量为1117.3毫米，年均气温为16.3℃。境内有金、铜、煤、钙芒硝等矿产资源，天然气和石油储量尤为丰富。

（2）尾气

尾气即汽车从排气管排出的废气。汽车尾气是空气污染的另一重大因素，汽车尾气中含有一氧化碳、氧化氮以及对人体产生不良影响的其他一些固体颗粒，尤其是含铅汽油，对人体的危害更大。

（3）合成氨

合成氨指由氮和氢在高温高压和催化剂存在下直接合成的氨，别名氨气，分子式为NH_3。世界上的氨除少量从焦炉气中回收外，绝大部分是合成的氨。氨主要用于制造氮肥和复合肥料。氨作为工业原料和氨化饲料，用量约占世界产量的12%。液氨常用作制冷剂。

24
油型天然气

目前，人们已发现和利用的天然气有6种之多，分别是：油型气、煤成气、生物成因气、无机成因气、水合物气和深海水合物圈闭气。我们日常所说的天然气是指常规天然气，它包括油型气和煤成气，这两类天然气的主要成分是甲烷等烃类气体。天然气中还有一些非烃类气体，如氨气、二氧化碳、氢气和硫化氢等。

油型气。国际上一些勘探程度比较高的盆地，发现的石油和天然气的蕴藏量大体上相等，即有一吨石油的储量，就相应有1000立方米的天然气。世界上油气探明储量的平均比值是1∶1，如果按此估算，中国与石油资源有关的天然气（油型气）资源应有78万亿立方米。

油型气和石油往往埋藏在一起，气在上，油在下，其形成和石油也基本相同。石油和天然气就像一对孪生姊妹，它们的形成、蕴藏和使用，经常是形影不离、密不可分的，这种天然气也叫油田伴生气。

油型天然气的形成和石油基本相同，只是分解活动的细菌是一种嫌气菌。天然气的主要成分是甲烷，占90%以上。天然气常常和石油埋藏在同一个地方。由于它的比重轻，所以蕴藏在石油的上面，这就是油气田。这种天然气有时也单独储于地下，即天然气田。

（1）油型气

油型气指分散的腐泥型有机质和以腐泥型为主的混合型有机质，在其热演化进入成熟阶段后，在热力作用下成油的高成熟至过成熟阶段，液态烃和有机质裂解所形成的天然气。

（2）圈闭

圈闭是一种能阻止油气继续运移并能在其中聚集的场所。这种遮挡条件可由地层的变形如背斜、断层等造成，也可以是因储集层沿上倾方向被非渗透地层不整合覆盖，以及因储集层沿上倾方向发生尖灭或物性变差而造成。

（3）油田伴生气

油田伴生气通常指与石油共生的天然气。按有机成烃的生油理论，有机质演化可生成液态烃与气态烃。气态烃或溶解于液态烃中，或呈气顶状态存在于油气藏的上部。这两种气态烃均称为油田伴生气或伴生气。从采油的工作角度考虑，指开采油田或油藏时采出的天然气。

 储气站

25
古老的天然气田

　　古老的气田。四川盆地历来有着"油气之乡"的美誉。早在2200年前，中国人民就发现四川盆地的天然气，在1800多年前已经钻出天然气井。四川威远气田是中国沉积岩地层中最古老的储集层——震旦系的气田。不久前，天然气的年龄测定表明，震旦系天然气的年龄大于15亿年，比储集这种天然气地层的年龄还大7亿年，可算得上是天然气中的"老寿星"了。这个气田天然气的含氦量高，比一般的天然气高几百倍，它是中国从天然气中制氦的宝贵原料基地。

　　火成岩的气田。一般情况下，99%的气田都在沉积岩中，而辽宁的下辽河齐家气田，天然气则产在前震旦系的花岗岩中。地质学家认为，这里的天然气是从沉积岩中生成后，运移到花岗岩中，在风化壳中聚集成气田的。因此也称为"新生古储"的气田，正如老仓库装新粮食一样。

　　硫化氢气田。一般的天然气田中，天然气含硫化氢的成分在5%以下，甲烷的成分在90%以上。而河北赵兰庄气田产出的天然气，不是可燃的烃类气体，而是毒性及腐蚀性极大的硫化氢。气体中硫化氢的成分占95%以上，而甲烷共占1%。这种气田是天然的硫黄生产基地，折合成硫黄量可达2300万吨。

🔍 天然气工厂

（1）四川盆地

四川盆地又称为巴蜀盆地，是中国四大盆地之一。四川盆地由连结的山脉环绕而成，位于中国大西部东缘中段，囊括四川中东部和重庆大部，是川渝的主体区域。四川盆地有煤、铁、天然气、石油、盐、金、石墨、汞等矿产资源。

（2）震旦系

震旦系的时代属新元古代震旦纪。其下与南华系相接，上被寒武系所覆，层型剖面位于长江三峡地区。分上下两统，下统陡山沱阶，上统灯影峡阶。底界定在南华系南沱组顶，地质年龄约为6.3亿年，顶界为寒武系梅树村组底面，时限约为5.4亿年。

（3）花岗岩

花岗岩是一种岩浆在地表以下凝却形成的火成岩，主要成分是长石和石英。花岗岩不易风化，颜色美观，外观色泽可保持百年以上，由于其硬度高、耐磨损，除了用作高级建筑装饰工程、大厅地面外，还是露天雕刻的首选之材。

26
奇特的天然气田

天然沼气田。沼气池用以人工培育沼气，实质上是由有机质的厌氧微生物在消化系统中发酵产生的气。而青海的柴达木盆地的盐湖气田，都是在自然条件下，由微生物作用形成的天然气田。最浅的气井深88米，产出的天然气中甲烷成分占99%以上。

天然煤气田。河南与山东交界气田是石炭系的煤在自然条件下，热解成的煤气，然后储集在煤层上面的第三系砂岩层中，形成天然煤气田。这个气田的生气层年龄大，而储气层的年龄小，好比新仓库装陈粮，叫做"古生新储"的气田。

二氧化碳气田。中国已发现11个富集二氧化碳的气层（含二氧化碳量30%以上），其中最典型的是广东三水盆地沙头圩气田。气中二氧化碳的成分占95%，初期日产气量高达500万立方米。这种气田是天然的干冰厂，用它可产生汽水等饮料，又可作为良好的气体肥料。

氮气气田。在湖北西部震旦系和寒武系地层中，有数十口井中含有氮气。这些井中的氮气含量高达80%~95%，而甲烷只有3%。如果开采这些氮气，可为化肥厂提供优质的原料。在采气的井场及输气管道沿途的农作物，也可免费得到"从天而降"的气肥。

（1）沼气

沼气是有机物质在厌氧环境中，在一定的温度、湿度、酸碱度的条件下，通过微生物发酵作用产生的一种可燃气体。由于这种气体最初是在沼泽、湖泊、池塘中发现的，所以人们叫它沼气。

（2）厌氧微生物

厌氧微生物即不靠氧气仍然继续存在的微生物。据考证，最初的生命是厌氧型的，厌氧微生物绝大多数为细菌，很少数是放线菌，极少数是支原体。厌氧微生物在自然界分布广泛，人类生活的环境和人体本身就生存有种类众多的厌氧微生物，它们与人类的关系密切。

（3）发酵

发酵是细菌和酵母等微生物在无氧条件下，酶促降解糖分子产生能量的过程。发酵是人类较早接触的一种生物化学反应，如今在食品工业、生物和化学工业中均有广泛应用。其也是生物工程的基本过程，即发酵工程。

 沼气池

27
天然气工业正在崛起

近30年来，世界天然气勘探与开发正在迅速发展。20世纪90年代，世界探明的天然气可采储量为100万亿立方米，比1960年增长15倍左右。在油气总储量的比例中，天然气由16.6%增至45%以上。油与气资源比例已逐渐接近，气将超过油。据估计，天然气最低储量可达到300万亿立方米，目前已探明的可采储量仅占1/3，累计产量仅占13.5%。

1986年以来，全国共发现气田90多个，大于100亿立方米储量的大中型气田近20个，生产基地不断增加，年产气在150亿立方米以上。

中国天然气资源丰富，已探明储量达数万亿立方米，其中纯气藏的气层气近5000亿立方米。

全国各地适于生成聚集天然气的沉积盆地有很多，陆上有464个，面积为522万平方千米，海上有12个，面积为147万平方千米。据专家预测，天然气资源量为33.4万亿立方米，仅次于前苏联和美国，居世界第三位。从最新的第四纪到古老的震旦系地层都有一定探明储量，其中第三系和三叠系最多，占50%以上。同时，油型气、裂解气、煤层气、生物气各种成因类型气都有。

🔍 天然气输气管道

（1）沉积盆地

　　沉积盆地是地球圈层系统的浅部组成部分，大多数盆地的充填体厚度小于10~20千米，但其形成和演化却受控于深部地球动力学过程。

（2）第四纪

　　第四纪新生代最新的一个纪，包括更新世和全新世。其下限年代多采用距今260万年。从第四纪开始，全球气候出现了明显的冰期和间冰期交替的模式。第四纪生物界的面貌已很接近于现代。哺乳动物的进化在此阶段最为明显，而人类的出现与进化则更是第四纪最重要的事件之一。

（3）裂解气

　　裂解气指石油烃高温裂解生产低级烯烃过程中生成的多组分混合气体。其组成随裂解原料、裂解方法和裂解条件而异。裂解气主要是甲烷及碳二烯烃至碳五烯烃和烷烃。还有氢气、少量炔烃、硫化物、一氧化碳、二氧化碳、水分及惰性气体等杂质。

28

中国天然气的分布

在探明储量中，油田伴生气（指开采石油同时得到的天然气）、气顶气（指油藏顶部的游离气顶）、油田夹层气等，即油型气占2/3，纯气藏气较少，大约仅占1/3。在地区分布上，东部地区以伴生气为主，西部地区以裂解气（生油物质深埋地下受高温影响直接裂解成气）为主。另外，在陕甘宁地区以煤层气（煤在生成过程中形成的天然气）居多；生物气（由厌氧微生物发酵作用产生的天然气）主要集中在柴达木盆地和长江口外海域。

 天然气净化厂

继20世纪末，在塔里木盆地发现1亿立方米的大气田之后，2001年在内蒙古鄂尔多斯市地区又发现天然气地质储量规模达到5000亿立方米以上，相当于一个5亿吨储量的特大油田。这是中国迄今最大规模的整装天然气田——苏里格气田。据预测，这一气田最终可累计探明天然气地质储量7000亿立方米以上，这不仅会成为中国第一大气田，而且将列入世界知名大气田的行列。

（1）柴达木盆地

柴达木盆地位于青海省西北部，盆地略呈三角形，为中国三大内陆盆地之一，柴达木盆地不仅是盐的世界，而且还有丰富的石油、煤以及多种金属矿藏。

（2）塔里木盆地

塔里木盆地位于中国西北部的新疆，是中国面积最大的内陆盆地。塔里木盆地处于天山和昆仑山、阿尔金山之间。东西长1500千米，南北宽约600千米，面积达53万平方千米，海拔高度在800~1300米之间，地势西高东低，盆地的中部是著名的塔克拉玛干沙漠，边缘为山麓、戈壁和绿洲。

（3）苏里格气田

苏里格气田位于鄂尔多斯市西南部、内蒙古自治区最南端的乌审旗，是世界级特大型气田，是中国目前陆上最大的整装气田，探明储量6025亿立方米。相当于一个6亿吨的大油田，由于资源储量大、品位高，因而苏里格气田成为国家"西气东输"工程的重要气源。

29
天然气采气工艺

　　人们把天然气从地层采出到输送到地面的全部工艺过程，简称采气工艺。它与自喷采油法基本相似，都是在探明的油气田上钻井，并诱导气流，使气体靠自身能量（源于地层压力）由井内自喷至井口。天然气比重极小，在沿着井筒上升的过程中，能量主要消耗在摩擦上。由于摩擦力与气体流速的平方成比例，因此管径越大，摩擦力越小。在开采不含水、不出砂、没有腐蚀性流体的天然气时，气井上有

🔍 石油气库

时甚至可以用套管生产。但在一般情况下，仍需下入油管。

天然气加工很简单，只需简单处理就可作为燃料或石油化工及化肥原料。有时只进行化学处理，清除硫化氢和二氧化碳后，就可送入输气管道。

中国是世界上最早使用木竹管道输送天然气的国家之一。1637年，明代宋应星所著《天工开物》中详细记述了用木竹输送天然气的方法："长竹剖开，去节、合缝、漆布，一头插入井底，其上曲接，以口对釜脐"。1600年前后，四川省自流井气田不仅在平地敷设管道，而且"高者登山，低者入地""凌空构木若长虹……纵横穿插，逾山渡水"。说明当时的天然气管道建设技术已发展到一定的水平。

（1）自喷采油法

自喷采油法指油层具有的能量足以把油从油层驱至井底，并依靠油层自然能量将油从井底驱到井口的方法。自喷井的地面设备简单、容易管理、产量较高，是最经济的采油方法。

（2）摩擦力

摩擦力是两个表面接触的物体相互运动时互相施加的一种物理力。广义的物体在液体和气体中运动时也受到摩擦力。作为借喻，摩擦力这个词在日常生活中也经常被用来描述阻碍进展的力量。

（3）套管

套管是用于带电导体穿过或引入与其电位不同的墙壁或电气设备的金属外壳，是起绝缘和支持作用的一种绝缘装置。类型有油井用套管和油管的无缝钢管等。

30

天然气的输送

🔎 西气东输管道

　　世界上其他国家的输气管道也经历了与中国相似的发展过程。18世纪以前，管道也采用木竹管道，19世纪90年代，才开始采用搭焊熟铁管径100毫米的天然气管道，1911年出现以乙炔焊接技术连接的钢管输气管道。初期的天然气管道输送全是利用天然气井井口压力，直到1880年才采用蒸汽驱动的压气机。20世纪初开始采用双燃料发动机的压气机给管道输天然气增压，输气压力由0.6千帕逐渐上升到4千帕。随着现代科学和工程技术的发展，世界各国对天然气需求量的增加，天然气管道向大口径、高压力、长距离和向海洋延伸的跨国管网系统发展。

从目前世界天然气利用的总体情况看来，工业发达国家将天然气主要用于电力和民用，而发展中国家用于这两方面的比例较小；发达国家用天然气作化工原料的比例较小，但绝对量并不少。从世界范围来说，天然气不仅在一次能源结构中已占到约23%，而且已成为发电、工业、民用等部门不可缺少的燃料和化肥等化工部门的主要原料，并具有十分重要的战略地位。

（1）熟铁

熟铁指碳含量很低并含有少量弥散硅酸盐渣的铁。它用生铁精炼而成，含碳量在0.02%以下，又叫锻铁、纯铁。熟铁质地很软，塑性好，延展性好，可以拉成丝，强度和硬度均较低，容易锻造和焊接。

（2）压气机

压气机是燃气涡轮发动机中利用高速旋转的叶片给空气作功以提高空气压力的部件。压气机由涡轮驱动，按气流流入压气机转子叶片的相对速度，压气机又可分为亚音速、跨亚音速和超音速三种形式。

（3）西气东输

西气东输是我国距离最长、口径最大的输气管道，西起塔里木盆地的轮南镇，东至上海。全线采用自动化控制，供气范围覆盖中原、华东、长江三角洲地区。全长4000千米，设计年输气能力120亿立方米，最终输气能力为200亿立方米。2004年10月1日全线贯通并投产。

31
天然气水合物

天然气水合物又叫可燃冰，是由水和天然气在高压、低温条件下混合而成的一种固态水合物。外貌特征极像冰雪或固体酒精，遇火可燃烧，具有使用方便、燃烧值高、清洁无污染等特点，是地球上尚未开发的最大新型能源，被誉为21世纪最有希望的战略资源。目前研究表明，天然气水合物分布广泛，资源量巨大，是煤炭、石油、天然气全球资源总量的两倍，成为世界各国争相研究与勘探的重要对象。

19世纪30年代初，人们开始注意到天然气输气管线中形成的可燃冰。因为可燃冰造成的天然气输气管道堵塞问题，给天然气工业带来

🔎 燃气锅炉

了许多麻烦。1934年，苏联在西伯利亚地区被堵塞的天然气输气管道里首先发现了天然气水合物。

1810年，英国学者戴维在伦敦皇家研究院首次合成氯水化合物。气水合物一词最早出现在戴维次年所著的书中。在这以后的120多年里，人们通过实验室来认识水合物。1990年，中国科学院兰州冰川冻土研究所冻土工程国家重点实验室的科技人员与莫斯科大学列别琴科博士成功进行了天然气水合物人工实验室。2001年，中国第一个拥有自主知识产权的海洋天然气水合物模拟实验室，在中国地质调查局青岛海洋地质研究所成立。并于2001年11月3日成功合成、取出天然气水合物，并进行了点燃。

（1）可燃冰

可燃冰又叫天然气水合物，分布于深海沉积物或陆域的永久冻土中，是由天然气与水在高压低温条件下形成的类冰状的结晶物质。因其外观像冰一样而且遇火即可燃烧，所以又被称作可燃冰或者固体瓦斯、气冰。

（2）固体酒精

固体酒精也被称为酒精块或固体燃料块。固体酒精并不是固体状态的酒精（酒精的熔点很低，是-114.1℃，常温下不可能是固体），而是将工业酒精（乙醇）中加入凝固剂使之成为固体。使用时用一根火柴即可点燃，燃烧时无烟尘，火焰温度均匀，可达到600℃左右。

（3）西伯利亚

西伯利亚是俄罗斯境内北亚地区的一片广阔地带。西起乌拉尔山脉，东迄太平洋，北临北冰洋，西南抵哈萨克斯坦中北部山地，南与中国、蒙古和朝鲜等国为邻，面积为1276万平方千米，除西南端外，全在俄罗斯境内。

32
解开百慕大之谜

天然气水合物又称天然冰，是天然气和水在海洋的强大压力和低温海水作用下，经过几百万年凝固而成的一种坚实的凝固体。

天然气水化物的发现开始是在北极圈，从钻探的地方冒出来，它一接触到海面冷水立即凝结成一层晶体。后来人们在海底油气资源勘探中，普遍发现了这种冰冻状态的天然气水化物晶体。这种新能源，估计它的储量将是世界石油储量的两倍。

最近有人用某些海底赋存有大量的天然气水化物，来解释"百慕大之谜"。

天然气储气站

大家知道，近百年来，已有20多架飞机、50多艘大船在大西洋百慕大附近失踪。最新的解释认为，造成沉船或坠机事件的元凶是天然气水化物晶体。百慕大海底下储存有大量的天然气水化物晶体，从海底地下翻出来，并迅速气化，使大量的气泡上升到水面，导致海水密度降低，失去原有的浮力，使经过的船只沉入海底；同样的道理，大量的天然气浮出海面后，飘到空中，使经过的飞机立即燃烧爆炸。

我们把这种解释是否正确放在一边不加议论，但这种新能源天然气水化物晶体的发现是无疑的，这是20世纪最重要的发现之一。同时通过上述解释，让我们获得了天然气水化物晶体的一般知识。

（1）晶体

晶体是指由结晶物质构成的、其内部的构造质点（如原子、分子）呈平移周期性规律排列的固体。晶体按其结构粒子和作用力的不同可分为四类：离子晶体、原子晶体、分子晶体和金属晶体。固体可分为晶体、非晶体和准晶体三大类。

（2）百慕大之谜

百慕大之谜指北起百慕大群岛，西到美国佛罗里达州的迈阿密，南至波多黎各的一个三角形海域。从1945年开始，很多飞机和船只都在这里神秘地失踪。现在，百慕大三角已经成为那些神秘的、不可理解的各种失踪事件的代名词。

（3）浮力

浮力指在液体或气体里的物体受到的上下表面压力差。浮力的方向是竖直向上。浸在液体中的物体，当它所受的浮力大于重力时，物体上浮；当它所受的浮力小于所受的重力时，物体下沉；当它所受的浮力与所受的重力相等时，物体悬浮在液体中，或漂浮在液体表面。

33
天然气水合物晶体

据报道，1975年11月，43名科学家在距美国北卡罗来纳海沿岸314.84千米（170海里）的海底进行首次钻探时，发现有大量的能源物质被禁锢在海床以下结晶的冰层里，初步估计这里的这种能源足够人类使用几十年。此后不少专家在全球进行了调查，认为天然气水化物晶体主要存在于冻土层中和海底大陆坡中，在地球上储量十分巨大。

天然气水化物晶体是一种具网络构造的天然气和水的笼状冰结晶体，里面含有气体分子，通常是天然气（甲烷），生成条件是低温和高压。因此，气体水化物只能分布于深海大陆斜坡或永久冻土带中，温度上升或压力下降时，立即分化瓦解，释放出可燃气体。

据测试，1单位体积的水化物，能包含200倍天然气。许多专家认

🔍 管道天然气

为陆上27%和大洋底90%的地区，具有形成天然气水化物的有利条件。计算表明，水化物在陆地上的总资源量为5300亿吨煤当量，水陆两地的水化物合计是世界煤炭总资源的10倍，石油的130倍，天然气的487倍。

2003年11月3日一项对南海北部的勘测显示，那里的"可燃冰"储量达到中国陆上石油总量的一半左右，这些"可燃冰"有望在2015年进行试开采。

俗称为"可燃冰"的这种能源学名为"天然气水合物"。作为能源大家族的新成员，"可燃冰"以清洁环保、储量丰富著称，是近30年才发现的、众多特征均不同于常规油气的新型能源，其主要成分是甲烷，并大量存在于海底。

（1）冻土层

冻土层亦作冻原或苔原，在自然地理学指的是由于气温低、生长季节短，而无法长出树木的环境；在地质学是指0℃以下，并含有冰的各种岩石和土壤。一般可分为短时冻土（数小时、数日以至半月）、季节冻土（半月至数月）以及多年冻土（数年至数万年以上）。

（2）青藏高原

青藏高原是中国最大、世界海拔最高的高原，分布在中国境内的部分包括西南的西藏自治区、四川省西部以及云南省部分地区，西北青海省的全部、新疆维吾尔自治区南部以及甘肃省部分地区。青藏高原平均海拔为4000~5000米，有"世界屋脊"和"第三极"之称。

（3）南海

南海亦称"南中国海"，是中国三大边缘海之一，是中国近海中面积最大、最深的海区。面积358.91万平方千米，平均水深1112米，最深达5377米，为一个较完整的深海盆地。

34
青海祁连山发现可燃冰

    2009年9月25日，国土资源部宣布，中国在青海省祁连山南缘永久冻土带成功发现了可燃冰。至此，中国成为世界上第三个在陆地区域采集到可燃冰的国家，也是世界上第一次在中低纬度冻土区发现天然气水合物的国家。1992年，加拿大在北美麦肯齐三角洲第一次在陆地区域发现可燃冰；2007年，美国在阿拉斯加北坡通过国家计划钻探发现天然气水合物；中国于2009年在青海祁连山南缘永久冻土带，通过

  ♀ 青海祁连山风光

钻探获得天然气水合物样品。这一重大发现证明了中国冻土区存在丰富的天然气水合物资源，对认识天然气水合物成藏规律和寻找新能源具有重大意义，同时也证明了中国天然气水合物的调查与研究处于国际领先水平。

2007年5月，中国在南海北部发现过可燃冰，但由于海底开采难度大，短期内不具备开采条件。而此次在冻土带发现的可燃冰由于埋藏浅（只有130~180米埋深），开采难度小，可利用价值也就非常高。

中国是世界上第三大冻土国，冻土区总面积达到215万平方千米，据科学家估算，远景资源量至少有350亿吨油当量。预计未来可燃冰有望成为寻常百姓家都能用得上的能源。

（1）国土资源部

国土资源部是在1998年3月10日由地质矿产部、国家土地管理局、国家海洋局和国家测绘局共同组建形成，主要负责土地资源、矿产资源、海洋资源等自然资源的规划、管理、保护与合理利用。

（2）祁连山

祁连山脉位于中国青海省东北部与甘肃省西部边境，由多条西北—东南走向的平行山脉和宽谷组成。因祁连山位于河西走廊南侧，又名南山，海拔主要为4000~5000米，最高峰疏勒南山的团结峰海拔5808米。

（3）三角洲

三角洲是河流流入海洋、湖泊或其他河流时，因流速减低，所携带泥沙大量沉积，逐渐发展成的冲积平原。三角洲地区一般地势低平，河网密布，因而多为良好的农耕地区。如中国的珠江、长江等河口的三角洲，皆是农业高产区。

35
缘何在青海发现可燃冰

🔍 燃气表

青海省祁连山南缘永久冻土带，成为中国陆域可燃冰的首个"现身地"，有如下几个原因：

1.青海省有着面积广大、厚度深的冻土带资源，为可燃冰的赋存提供了地质条件。

2.甲烷是可燃冰的主要成分，因此发现可燃冰的地方一般都存在油气资源，而青海木里有着丰富的煤矿资源。

3.青海木里的交通条件和后勤保障措施，是中国大面积冻土带地区中条件较好的，也为钻探提供了有利支持。

4.青海木里煤矿资源的开采为当地地质勘探部门积累了较为完整的地质资料，为进一步科学选址提供了科学数据保障。

可燃冰钻探现场的地质剖面图显示：青海木里煤矿埋藏浅，只有130~198米，为可燃冰带来了有利条件，而且这里的冻土层很薄，只有80~120米，也为工程和科研带来了极大便利。

天然气水合物是"后石油时代"的重要替代能源。在青海首先找到陆地冻土层中的可燃冰，这只是打响了中国在冻土带寻找可燃冰的第一炮，后续的找矿工作将继续开展。

（1）青海木里

青海木里乡位于青海省海西蒙古族藏族自治州天峻县境北部，距县政府驻地166千米，平均海拔4100米，面积4000平方千米。包括辖赛纳合让、角合根、佐陇、唐莫日四个牧委会。经勘探，全乡有无烟煤、铸型砂等多种可采矿资源，其中无烟煤矿已投入开采。

（2）地质剖面图

地质剖面图是按一定比例尺，表示地质剖面上的地质现象及其相互关系的图件。地质剖面图与地质图相配合，可以获得地质构造的立体概念。按地质剖面所表示的内容，可分为地层剖面图、第四纪地质剖面图、构造剖面图等；按资料来源和精确程度，又分为实测、随手、图切剖面图等。

（3）后石油时代

后石油时代是新能源、可再生能源快速成长和发展的时期，也是石油替代产品的培育、成长和发育时期。当前石油供应安全面临三大挑战，一是石油需求不断增长使现有资源产量难以满足；二是矿物能源迟早要枯竭，目前没有替代能源；三是无节制地使用石油已对环境造成巨大压力。

36
固体化石燃料

🔎油页岩

根据原始物质的不同，固体化石燃料通常可分为三大类：

1.腐殖煤类：主要有高等植物（多种树木等）在沼泽中经泥炭化作用和煤化作用生成。腐殖煤可分为陆植煤和残植煤两类：

（1）陆植煤类：主要由高等植物的木质素和纤维素，在沼泽中经过转化作用生成。泥煤、褐煤、烟煤和无烟煤即属于这一类。

（2）残植煤类：主要由高等植物的孢子、角质、树脂等较稳定的组成转化生成。单独存在的残植煤很少，属于这类的有孢子残植煤、角质残植煤和树脂残植煤等。

2.腐泥煤类：主要由水生的低等浮游植物和低等浮游动物在湖海等水体中，由腐败作用和煤化作用生成。油页岩、藻煤、烛煤等为这一类。

3.腐殖—腐泥煤、腐泥—腐殖煤类：在自然界中，存在着混合类型。有些腐殖煤也包含有腐泥煤成分，则成为腐殖—腐泥煤。而有些腐泥煤中，有腐殖煤的成分，则成为腐泥—腐殖煤。有些油页岩中含有腐殖煤的成分。

油页岩是一种固体化石燃料。现在公认，所有的固体、液体和气体化石燃料，包括煤、油页岩、石油和天然气等，都是有机物质。在遥远的年代，死亡后堆积的植物和动物残骸是化石燃料的原始物质。

（1）化石燃料

化石燃料，亦称矿石燃料，是一种碳氢化合物或其衍生物，其包括的天然资源为煤炭、石油和天然气等。当发电的时候，在燃烧化石燃料的过程中会产生能量，从而推动涡轮机产生动力。

（2）沼泽

沼泽是指地表过湿或有薄层常年或季节性积水，土壤水分饱和，生长有喜湿性和喜水性沼生植物的地段。中国的沼泽主要分布在东北三江平原和青藏高原等地，俄罗斯的西伯利亚地区有大面积的沼泽，欧洲和北美洲北部也有分布。

（3）泥炭化作用

泥炭化作用又称生物化学煤化作用，是指高等植物遗体在泥炭沼泽中经受复杂的生物化学和物理化学变化，使碳含量增加，氧和氢含量减少，转变成泥炭的作用。泥炭化作用是一个复杂的物理、化学变化过程。

不可小视的"固体石油" 37

　　腐泥煤、油页岩、沥青质页岩都是含油率较高的可燃性有机岩，是提炼石油和化工产品的宝贵原料，被誉为"固体石油"。

　　这些固体石油，特别是油页岩，据估计，在全世界的储量大大超过石油，并且有可能超过煤炭。在能源短缺的今天，世界各国已经开始研究如何利用的问题。美国、俄罗斯等许多国家纷纷作各种实验，以取得加工利用的科学数据。德国坚持综合利用的方针，建立了一个油页岩—水泥联合企业，他们以油页岩作燃料，生产水

🔍沥青

泥并发电，虽然生产规模不大，但是在经济上已经赢利。

腐泥煤呈黑色，沥青光泽，条痕褐棕色，致密块状，断面具有明显的贝壳状，或弧形带状断口，比较坚硬，有较强的韧性，比重很小，拿在手上有轻飘飘的感觉。能划着安全火柴，又能用火柴点燃，燃烧时冒黑烟，红色火焰，有轻微的沥青臭味。显微组分有藻类体、沥青渗出体、小孢子体、角质和镜质体微细条带、丝质组的碎片。在化学成分上氢的含量较高，挥发性和焦油产率也较高。中国山西蒲县东河的腐泥煤一般含油率为8%~24%，最高达32%，属藻煤和烛藻煤。

（1）可燃性有机岩

可燃性有机岩是重要的可燃性燃料，可分为碳质（煤、油页岩、泥炭）和沥青质（石油、天然气、地蜡、地沥青）两类。后者主要化学成分是碳及碳氢化合物，由固体、液体、气体组成。

（2）条痕

条痕是矿物粉末的颜色，你可以在未上釉的瓷片上刻划来观察条痕的颜色，这个瓷片叫做条痕板。即使矿物的颜色千变万化，但条痕的颜色始终不变，并且条痕的颜色通常与矿物的颜色不一致。例如，尽管黄铁矿具有金黄色光泽，但它的条痕却呈黑绿色。真金的条痕是金黄色的。

（3）断口

断口是矿物的一种力学性质，与"解理"相对，矿物受力后不是按一定的方向破裂，破裂面呈各种凹凸不平的形状的称断口。没有解理或解理不清楚的矿物才容易形成断口。

38
什么是油页岩

油页岩又称油母页岩。联合国1980年召开的油页岩和油砂小组会议对油页岩的定义为：油页岩是一种沉积岩，含固体有机物质于矿物质格架内，其有机质主要为油母质，不溶于石油溶剂。油页岩加热到500℃左右，其油母质热解生成页岩油，油页岩热解通常也称干馏。页岩油与石油近似，但不相同。

联合国教科文组织于2003年出版的新世纪大百科全书，关于油页岩的定义为：油页岩是一种沉积岩，具有无机矿物的骨架，并含固体有机物质，主要为油母质及少量沥青质。油页岩是一种固体化石燃料。作为一种能源，油页岩加热后，油母质热解生成页岩油。页岩油加工可制取油品。油页岩也可直接燃烧，产生蒸汽，用于发电。

油页岩的特征：颜色从浅灰色到深棕色，片理发育，受力后可脱落成薄片，有机质含量通常少于35%，无机质通常含量为50%~80%，含水。有机质主要为油母质和少量的沥青，油母质岩石有机质高分子聚合物质，不溶于普通的有机溶剂，但沥青可溶于有机溶剂。油页岩在隔绝空气或氧气情况下，被加热到400~500℃时，油母质热解，产生页岩油、干馏气、固体含碳残渣和少量的水。油页岩与煤一样，可在锅炉内与空气燃烧，油页岩的油母质氢碳比大于1：2，油母质比较均匀地分布在黏土质或泥土质的矿物基质内。

所谓的油页岩含油，应该是油母质热解后产生的页岩油。

🔍 盘锦油田

（1）油砂

油砂是指富含天然沥青的沉积砂。油砂实质上是一种沥青、砂、富矿黏土和水的混合物，具有高密度、高黏度、高碳氢比和高金属含量的油砂沥青油。世界上85%的油砂集中在加拿大阿尔伯塔省北部地区。我国也是在世界油砂矿资源丰富的国家之一，居世界第五位。

（2）联合国教科文组织

联合国教科文组织是联合国（UN）专门机构之一，该组织于1946年成立，总部设在法国巴黎。其宗旨是促进教育、科学及文化方面的国际合作，以利于各国人民之间的相互了解，维护世界和平。2011年10月31日，联合国教科文组织正式接纳巴勒斯坦。

（3）页岩油

页岩油是指以页岩为主的页岩层系中所含的石油资源。其中包括泥页岩孔隙和裂缝中的石油，也包括泥页岩层系中的致密碳酸岩或碎屑岩邻层和夹层中的石油资源。在固体矿产领域，页岩油是一种人造石油，是油页岩干馏时有机质受热分解生成的一种褐色、有特殊刺激性气味的黏稠状液体产物。

39
油页岩的物理性质

　　油页岩是一种含碳质很高的有机质页片状岩石，可以燃烧。油页岩的颜色较杂，有灰色、暗褐色、棕黑色，比重很轻，一般为1.3~1.7。无光泽，外观多为块状，但经风化后，会显出明晰的薄层理。坚韧而不易碎裂，用小刀削，可成薄片并卷起来。断口比较平坦，含油很明显，长期用纸包裹油页岩时，油就会浸透到纸上来。用指甲刻划，富于油泽纹理，用火柴可以点燃。燃烧时火焰带浓重的黑烟，并发出典型的沥青气味。油页岩的矿物成分由有机质、矿物和水分组成。在有机质中一般含碳60%~80%、氢8%~10%、氧12%~18%，还有硫、氮等元素，是一种富氢的碳氢化合物。矿物质中含有硅酸铝、氢氧化铁和少量的磷、铀、钒、硼、锗等。

　　1千克油页岩燃烧可产生8000~12 000焦耳的热量，干燥油页岩的发热量约为1.6万焦耳。3千克油页岩相当于1千克煤的发热量，5千克油页岩燃烧所产生的热量相当于1千克石油。因此，油页岩主要用来提炼石油和化工原料。

　　沥青质页岩为暗黑色，沥青光泽，页理不发青，有一定的韧性，锤击后易留下印块而不易破裂。沥青不易点燃，燃烧时冒黑烟，有沥青臭味，含油率不高，一般为3%~5%。

🔍 煤场

（1）风化

　　风化是指地表或接近地表的坚硬岩石、矿物与大气、水及生物接触过程中产生物理、化学变化而在原地形成松散堆积物的全过程。根据风化作用的因素和性质可将其分为三种类型：物理风化作用、化学风化作用、生物风化作用。

（2）层理

　　层理是指岩层中物质的成分、颗粒大小、形状和颜色在垂直方向发生改变时产生的纹理。层理一般厚几厘米至几米，其横向延伸可以是几厘米至数千米，常见于大多数沉积岩和一些火山岩中，是研究地质构造变形及其历史的重要参考面。

（3）沥青

　　沥青是由不同分子量的碳氢化合物及其非金属衍生物组成的黑褐色复杂混合物，呈液态、半固态或固态，是一种防水防潮和防腐的有机胶凝材料，用于涂料、塑料、橡胶等工业以及铺筑路面等。

40
油页岩的外观与颜色

　　绝大部分的油页岩呈现不同程度的片理状。当受到打击时，会按片理的方向裂成几片。广东茂名油页岩呈明显的片理状，加热时很容易崩碎，抚顺油页岩也呈片理状，但不明显。

　　油页岩的颜色从灰色、黄色、褐色到黑色。各地油页岩的颜色有所不同，抚顺及农安等地油页岩呈现淡褐色至深褐色，甘肃密街油页岩呈黑色，美国绿河油页岩呈灰色到褐色，爱沙尼亚的油页岩呈浅黄色。油页岩的颜色主要取决于其中有机质的颜色，但有时油页岩中的无机物质，例如，黄铁矿也影响它的颜色。黑色油页岩常含有煤质碎屑，少部分抚顺油页岩就有这种情况。

　　同一矿区油页岩的颜色会随其分布及埋深不同而变化。同一产地的油页岩，含油率高的往往颜色较深，例如，抚顺油页岩深褐色的含油率最高，暗褐色次之，而浅褐色的最低。因此，有时可根据颜色初步判断同一矿区油页岩含油率的变化情况。刚开采出来的油页岩，颜色往往较深，储存久了，颜色会逐渐变浅，例如，抚顺油页岩露天贮存一个月后，就由暗褐色变为灰白色，这是由于贮存过程中失去了吸附的水分，并且受到氧化作用的结果。

（1）广东茂名

广东茂名位于广东省西南部，是中国华南地区最大的石化基地，为中国南方重要的石化生产出口基地和广东省的能源基地。茂名已探明矿藏近100种，潜在价值4000亿元以上。油页岩和高岭土的储量和质量居全国之首。

（2）美国绿河油页岩

美国绿河油页岩是以由低等植物形成的腐泥质为主，灰分高于40%的腐泥型固体可燃矿产。美国的绿河油页岩矿是全世界最大的油页岩矿床，其分布面积大约有65 000平方千米，油页岩层一般较厚，含油率平均为11.44%，局部高达38.12%。

（3）爱沙尼亚

爱沙尼亚共和国是东欧波罗的海三国之一。尽管爱沙尼亚总体资源贫乏，但其土地却仍有少量品种丰富的资源。该国还拥有大量油页岩和石灰石以及覆盖47%领土的森林。由于其高速增长的经济，资讯科技较发达，爱沙尼亚经常被称作"波罗的海之虎"，世界银行将爱沙尼亚列为高收入国家。

高岭土

41
与相似能源的区别

　　油页岩呈灰色、褐色、黑色，有片理状。褐煤呈褐色，烟煤、无烟煤呈黑色，有光泽。油砂呈褐黑色。油页岩的原生质主要是藻类等低等植物，煤则由高等植物转化而成。

　　油页岩与煤都是由无机矿物质和有机高分子聚合物质组成。油页岩油母质主要属腐泥质或腐泥—腐殖质。煤的有机质主要属腐殖质。油页岩油母质占油页岩的质量不超过3.5%，而煤所含有机质通常大于17%。油页岩氢碳原子比大于煤的有机质氢碳比。因此，油母质热解产生的油比煤的有机质生油更多。但由于油页岩所含无机矿物质通常比煤的矿物质更多，也就是油页岩所含有机质通常比煤的有机质少，所以一般而言，油页岩热解产生的油比煤热解生油要少。此外，油页岩的热解值比煤要小很多倍。

　　油页岩与油砂不同，油页岩的油母质是有机高分子聚合物，不溶于普通有机溶剂。油砂则是稠油包裹砂岩颗粒、石灰岩或其他沉积岩。油砂稠油通常可用热碱水溶液从砂粒等沉积岩粒中抽提分离出来，油砂稠油能溶于普通有机溶剂。

　　页岩油与原油都可呈黄色、褐色和黑色。与原油不同，所有页岩油都有特殊的臭味。

○ 露天煤矿

（1）矿物质

矿物质又称无机盐，是人体内无机物的总称，是地壳中自然存在的化合物或天然元素。矿物质和维生素一样，是人体必须的元素，矿物质是无法自身产生、合成的，每天矿物质的摄取量也是基本确定的，但随年龄、性别、身体状况、环境、工作状况等因素的影响而有所不同。

（2）有机高分子聚合物

有机高分子聚合物指由许多相同的、简单的结构单元通过共价键重复连接而成的高分子量有机化合物。有机高分子聚合物具有机械强度大、弹性高、可塑性强、硬度大、耐磨、耐热、耐腐蚀、耐溶剂、电绝缘性强、气密性好等特性，具有非常广泛的用途。

（3）石灰岩

石灰岩是主要由方解石组成的沉积碳酸盐岩，按成因可分为生物灰岩、化学灰岩及碎屑灰岩，是烧制石灰、水泥的主要原料，在冶金工业中作熔剂等。石灰石是商业名称，色彩花纹美丽者可作为装饰石材。

42

油页岩的原始物质

油页岩由无机矿物质和有机高分子物质组成。有机高分子物质主要为不溶于有机溶剂的油母质。一般认为，生成油母质的原始物质主要是水藻等浮游植物，其中以黄藻、绿藻、蓝藻为主。此外，某些微小生物，如水蚤亚目，轮虫纲、纤毛虫纲和多细胞的软体动物、昆虫等动物，以及某些高等陆生植物的残余，如孢子、花粉、角质等植物组织碎片，也参加了油母质的生成。也有人认为，细菌参与了油母质的生成，细菌可以是异养的、自养的或两者兼有的。但一般认为，细菌的贡献与浮游植物相比，要次要得多。

关于油页岩的无机矿物质是怎么来的，科学家分析认为有两种来源：一是来自死亡沉积的动植物，在其有机体分解、转化生成油母质的同时，其自身所含的无机残留物，例如，硅藻类的硅酸骨骼成为硅藻土；又如贝壳类的碳酸钙等；油页岩无机矿物质的另一来源，是某些矿物质可能是在油页岩生成过程中，以固体状态或是浮游状态被流水带进来的，如黏土，或为开始时溶于水中，然后在那里沉淀出来的，如硬水中的某些盐类。

（1）蓝藻

蓝藻是原核生物，又叫蓝绿藻、蓝细菌。在所有藻类生物中，蓝藻是最简单、最原始的一种。蓝藻是单细胞生物，没有细胞核，但细胞中央含有核物质。和细菌一样，蓝藻属于"原核生物"。

（2）软体动物

软体动物通称"贝类"，属于无脊椎动物，是除昆虫外歧异最大的类群，约75 000种，是动物界中的第二大门。软体动物的族群包括乌贼、章鱼、鹦鹉螺和已经绝种的菊石与箭石。它在嘴附近有长触手以攫取猎物，移动方式为利用虹吸作用喷水前进。

（3）孢子

孢子是生物所产生的一种有繁殖或休眠作用的细胞，能直接发育成新个体。孢子一般微小，单细胞。由于它的性状不同，发生过程和结构的差异而有许多名称。生物通过无性生殖产生的孢子叫"无性孢子"，通过有性生殖产生的孢子叫"有性孢子"。

🔎 蓝藻

43

中国油页岩的生成时代

中国油页岩与世界油页岩的生成时代相似，主要有下列几个时代：

1.古生代石炭纪：这是中国现已发现的油页岩生成较早的时代，如广西良丰、百色油页岩，就是产在石炭纪。

2.古生代二叠纪：新疆博格达山北麓及湖南邵阳的油页岩则存在于二叠系的含煤地层中。油页岩资源量为550亿吨，占全国的7.6%。

3.中生代三叠纪：鄂尔多斯地台的陕西延安、分县等的油页岩，主要产于三叠纪。

4.中生代侏罗纪：侏罗系煤田在中国分布很广泛，而油页岩往往夹生于这个时代的煤系地层中。甘肃永登一带的油页岩层都产在侏罗系煤层的下部，而内蒙古杨树沟等地的油页岩都产于侏罗系。

5.中生代白垩纪：松辽盆地南部和河北的丰宁油页岩等是产在该时代的地层中的。中生代油页岩资源量约6000亿吨，占全国的77%。

6.新生代古近纪：中国油页岩中矿层最厚、储量最丰富的油页岩矿都产在这个时代，如辽宁抚顺、广东茂名，此外，吉林的桦甸、河南桐柏等地的油页岩都属于古近纪。

近期的调差研究表明，中国的油页岩生成的时代主要为中生代和新生代。

钻井施工场面

（1）新疆博格达山

新疆博格达山位于中国新疆维吾尔自治区中部，属北天山东段，为准噶尔盆地和吐鲁番盆地的界山，东西走向，平均海拔4000米以上，主峰博格达峰海拔5445米，3800米以上有现代冰川。

（2）湖南邵阳

湖南邵阳是湖南省人口第二多、面积第三大的城市。邵阳系湘中丘陵向云贵高原延伸过渡地带，中东部丘陵起伏，盆地密布。全区水利资源较丰富，5千米长的河流595条，分属资江、沅水、湘江和西江四大水系。境内有煤、铁、锰、钨、金、银、锌、石膏、优质石灰等矿藏74种。

（3）吉林桦甸

吉林桦甸位于吉林省东南部，地处龙岗山脉北侧，第二松花江上游。东界敦化，南临靖宇、抚松、辉南，西接磐石，北与永吉、蛟河毗邻。其地理位置优越，交通便捷，已形成四通八达的交通网络。桦甸市矿产资源极为丰富，金、银、锑、钼、铁、油母页岩、霞石等40余种矿藏储量可观。

44
油页岩储量丰富

世界油页岩资源丰富，储量折算成页岩油高达4000亿吨，这比世界探明原油储量1700亿吨多得多，也比世界原油资源3000亿吨多得多。由国土资源部、国家发展和改革委员会及财政部于2004—2006年联合组织，由吉林大学等开展的"全国油页岩资源评价"预测资源高达7199亿吨，折算成页岩油资源量为476亿吨。这表明了中国油页岩资源丰富。但目前勘探程度低，实际储量未进行全面调查。地质部门于20世纪60年代勘查的探明储量约为310亿吨油页岩，即使这样，折算成页岩油也比原有储量多得多。

当前在高油价时代，许多国家油页岩矿藏的开发和干馏制取页岩油已经成为可能，因此油页岩可以成为石油的补充能源。特别是对于中国等一些国家而言，生产的原油不能满足本国的需求，而必须依靠大量进口。这不仅牵涉到国民经济发展，还关系到能源安全问题，因而大力发展页岩油工业及新能源工业是十分重要的。

全世界的油页岩和沥青页岩，含油的总储量达1.41万亿千克，已探明的矿藏含油4400亿吨，相当于7084亿千克标准煤。

（1）吉林大学

吉林大学坐落于吉林省省会长春市，是教育部直属的一所全国重点综合性大学。1995年首批通过国家教委"211工程"审批，2001年被列入"985工程"国家重点建设大学。

（2）国家发展和改革委员会

国家发改委的前身是国家计划委员会，成立于1952年。原国家计划委员会于1998年更名为国家发展计划委员会，又于2003年将原国务院体改办和国家经贸委部分职能并入，改组为国家发展和改革委员会，简称国家发改委。

（3）国民经济

国民经济是指一个现代国家范围内各社会生产部门、流通部门和其他经济部门所构成的互相联系的总体。工业、农业、建筑业、运输业、邮电业、商业、对外贸易、服务业、城市公用事业等，都是国民经济的组成部分。社会主义国民经济是建立在生产资料的社会主义公有制基础之上的。

 煤场

45
油页岩工业的前景

由于化石能源是不可再生的能源，它的储量是有限的，用一点就少一点，同时也由于国际天然石油价格的不断上涨，尤以20世纪70年代石油危机的出现，所以用油页岩炼油是一种重要的常规能源的补充来源，同时可制取硫酸铵和酚类等化工产品，页岩灰还可制造水泥等建筑材料。因此，油页岩是一种

 抽油机

多用途的资源，合理地综合利用油页岩将会促进国民经济的发展。因而在世界范围内，发展油页岩和煤炼油的呼声日益高涨。

1980年，美国投资了250亿美元作为发展合成燃料的资金，为其每年生产9000万吨用煤炼制的油和页岩油打下经济基础，这说明美国的油页岩和煤炼油事业正从工业试验转入大规模生产。俄罗斯目前油页岩的开采量已达到7000万吨，澳大利亚每年生产页岩油1500万吨，摩洛哥为700万吨，巴西为250万吨。总之，从世界范围来看，油页岩工业在今后会有较大的发展，它将是常规能源的一种重要的补充能源。

（1）不可再生能源

不可再生能源泛指人类开发利用后，在现阶段不可能再生的能源资源。如煤和石油都是古生物的遗体被掩压在地下深层中，经过漫长的演化而形成的，一旦被燃烧耗用后，不可能在数百年乃至数万年内再生，因而属于"不可再生能源"。除此之外，不可再生能源还有煤、石油、天然气等。

（2）硫酸铵

硫酸铵为无色结晶或白色颗粒，无气味，280℃以上分解，不溶于乙醇和丙酮，相对密度1.77，低毒，有刺激性。硫酸铵主要用作肥料，适用于各种土壤和作物，还可用于纺织、皮革、医药等方面。

（3）合成燃料

合成燃料也就是化学能，是把数种含能量能源通过化学变化合成的新燃料。合成燃料有许多种，有的是把煤、油页岩或沥青砂转变为合成石油或汽油。另一种是甲烷，从污水和淤泥中产生。

46
中国油页岩资源丰富

中国油页岩资源丰富，分布范围广。全国油页岩资源为7199.37亿吨，页岩油为476.44亿吨，页岩油可回收资源为119.79亿吨。

全国油页岩主要分布于东部和中部：东部油页岩资源量为3442.48亿吨，中国区油页岩资源为1609.64亿吨。另有青藏区油页岩资源为1203.20亿吨；西部区油页岩资源为749.94亿吨，南方油页岩资源为194.61亿吨。

全国油页岩地质年代范围很广，但油页岩主要集中分布在中新生界。其中，中生界油页岩资源量为5597.92亿吨；新生界资源量为1052.31亿吨，油页岩形成时代从西北到东南方向逐渐变新。

全国油页岩含油率中等偏好，其中含油率在5%~10%的油页岩资源量为2664.35亿吨，含油率大于10%的油页岩资源量为1266.94亿吨。

全国油页岩埋藏深度较浅，在0~500米之间的油页岩资源量为4663.51亿吨，在500~1000米之间的油页岩资源量为2535.86亿吨。

全国油页岩主要分布在平原和黄土地区，分布在平原地区的油页岩资源量为3256.53亿吨，分布在黄土地区的油页岩资源量为1562.86亿吨。

🔍 石油开采平台

（1）资源量

　　资源量指查明矿产资源的一部分和潜在矿产资源的总和，包括经可行性研究或预可行性研究证实为次边界经济的矿产资源以及经过勘查而未进行可行性研究和预可行性研究的内蕴经济的矿产资源，以及经过预查后预测的矿产资源，共计7种类型。

（2）平原

　　平原是海拔较低的平坦的广大地区，海拔多在0~500米，一般都在沿海地区。海拔0~200米的叫低原，200~500米的叫高平原。平原根据成因分类，包括冲积平原、海蚀平原、冰碛平原、冰蚀平原。

（3）黄土

　　黄土是在干燥气候条件下形成的多孔性具有柱状节理的黄色粉性土。其颗粒大小介于黏土与细砂之间，呈浅黄色或黄褐色，广泛分布于北美、欧洲和亚洲，现在一般认为主要是由风沉积的。

47
辽宁抚顺油页岩

　　抚顺矿区位于辽宁省东部抚顺地区，是中国油页岩最主要产区之一，已有70多年的工业开采历史。矿区东西长达18千米，南部宽2~3千米。其中西露天矿东西长6.6千米，南北宽2.2千米；东露天矿东西长5.9千米，南北宽1.3千米。

　　抚顺油页岩分布在抚顺地区，是重要的煤和油页岩盆地。盆内堆积有总厚度约1600米的含煤、含油页岩岩系——抚顺群，其地质时代为新生代古近纪（古新世—始新世），自下而上分别为老虎台组、栗子沟组、古城子组、计军屯组和西露天组。其中老虎台组、栗子沟组发育了工业价值较低的局部可采煤层，古城子组则发育了超厚煤层，而油页岩则直接覆盖于煤层上面，主要赋存于计军屯组，最厚可达200米，最薄也有70米。油页岩埋藏量大，覆盖层薄，油页岩上层为绿色页岩。

　　抚顺油页岩含油率为2%~13%，平均为5.5%左右。抚顺地区油页岩层储量，按含油率4.7%以上品位计算，现有地质储量约为35亿吨，成为重要的战略资源。

　　抚顺油页岩呈褐色、深褐色与淡黑色，无光泽，呈片理状。页岩中含淡水藻、龟、鲤鱼和树木等化石。

🔍 鱼化石

（1）抚顺群

抚顺群曾称抚顺煤系，时代属古新世至始新世，分布于辽宁中部。为湿润气候条件下的凹陷盆地含煤、油页岩沉积，下段为凝灰岩、砾岩层，含煤层2~3米，夹玄武岩数层；上段为灰绿色页岩，夹煤层及油页岩。总厚达1000米左右，含植物化石和保存完好的昆虫化石。

（2）战略资源

战略资源是指对战争全局起重要作用的人力资源、自然资源和人工资源的统称。战略资源的状况是由国家地理位置、土地面积、人口质量、人口数量、地形和地质结构以及能否合理开发、运输、储备、分配、消费等因素决定的。

（3）化石

化石指由于自然作用在地层中保存下来的地史时期生物的遗体、遗迹以及生物体分解后的有机物残余（包括生物标志物、古DNA残片等）统称为化石。化石分为实体化石、遗迹化石、模铸化石、化学化石、分子化石等不同的保存类型。

48

广东茂名油页岩

茂名油页岩分布在茂名盆地新生代古近纪地层中。

茂名盆地位于广东省的南部，全长53千米，最宽处10千米，盆地面积达400多平方千米。国家储委批准储量为50亿吨。茂名盆地油页岩埋藏浅，倾角小（为6°~7°），适于露天开采，曾是20世纪60年代中国主要的人造石油（页岩油）的生产基地。

茂名盆地自上而下地层划分为：新生界古近系上垌组、油柑窝组和新近系黄牛岭组、尚村组、老虎岭组、高棚岭组。油页岩主要分布于油柑窝组和尚村组。尚村组为褐色泥岩、夹褐色油页岩，含油率不高。油柑窝组以褐黑色油页岩为主，厚度为19~46米，其含油率为5%~9%。中夹1~3层褐煤层，局部夹黏土岩及粉砂岩。油页岩中富含龟、鳄、鱼等化石，并有多种孢子花粉。

（1）国家储委

国家储委指国家矿产储量委员会，是履行矿产储量审批职能的政府机构。1953年11月，地质部会同有关部组建了全国矿产储量委员会（简称全国储委）。1996年3月，全国储委更名为全国矿产资源委员会。

（2）倾角

倾角是面状构造的产状要素之一，即在垂直地质界面走向的横剖面上所测定的此界面与水平参考面之间的两面角，也就是倾斜线与其水平投影线之间的夹角。

（3）露天开采

露天开采是把覆盖在矿体上部及其周围的浮土和围岩剥去，把废石运到排土场，从敞露的矿体上直接采掘矿石。当矿体埋藏较浅或地表有露头时，应用露天开采比地下开采优越。剥离岩土量与采出矿石量的比例称为剥采比，剥采比过大的露天矿，露天开采成本高，应改用地下开采的方法。

🔍 露天开采

49
山东黄县油页岩

山东黄县油页岩赋存于山东半岛北部龙口市（原称黄县）黄县盆地内新生界古近系地层中。黄县盆地为中生代形成、新生代继承性发展的典型半地堑式断陷盆地。盆地面积约350平方千米，有褐煤与油页岩共生，查明赋存煤面积为300平方千米，油页岩面积为200平方千米。油页岩属古近系（老第三纪），埋深0~1000米，井下开采，但含油率很高，达9%~22%，平均为13%，是中国迄今发现的品位最高的油页岩。黄县褐煤已开采多年，但油页岩还没

 石化工业

有开采。

在黄县盆地中的主要油页岩矿区有梁家、北皂、洼里等，探明可采储量约6000万吨。油页岩主要发育在盆地中部到盆地西北部缓坡地带的浅湖—半深湖区，如梁家地区最发育，厚度达6.5米，其次为梁家矿区，而向东控盆断裂方向逐渐变薄和尖灭。

经考察分析表明，黄县盆地在古近纪（第三纪）时期，为开放性盆地。油页岩形成于海侵作用下，海陆过渡的微咸水—半咸水还原环境。海水侵入时，大量淡水生物死亡，而藻类等浮游生物繁盛，主要为油页岩沉积期。当盆地基底沉降速度较慢无海侵时，陆生高等植物繁茂，主要为成煤期。周期性的海侵，就造成油页岩与煤的交替沉积。

（1）山东半岛

山东半岛是中国第一大半岛，位于山东省东北面，以羊口—秀珍河为界，胶东半岛是其中的一部分。半岛三面临海，北面与辽东半岛隔渤海湾相望，东部与韩国隔海相望。因为地理上的原因，山东半岛地区与东北和韩国联系紧密。历史上有大批民众自水路乘船移民东北。

（2）断陷盆地

断陷盆地指断块构造中的沉降地块，又称地堑盆地。它的外形受断层线控制，多呈狭长条状。盆地的边缘由断层崖组成，坡度陡峻，边线一般为断层线。随着时间的推移，在断陷盆地中充填着从山地剥蚀下来的沉积物，其上或者积水形成湖泊（如贝加尔湖、滇池）。

（3）品位

品位是指矿石中有用元素或它的化合物含量的百分率。含量的百分率愈大品位愈高，反之，品味越低。根据矿石品位的高低可以确定矿石为富矿或贫矿。

50
鄂尔多斯盆地油页岩

🔍 矿区

　　鄂尔多斯盆地地跨中国北部陕西、甘肃、宁夏、山西、内蒙古5个省区的广大地区。盆地内沉积稳定，坳陷迁移，扭动明显，沉积面积达32万平方千米，沉积厚度大，是鄂尔多斯盆地油页岩发育地层。盆地内油页岩分布很广，存在于延安、子长、彬县、铜川等地，主要赋存于三叠系延长组及侏罗系安定组中，层数较多，而且多见于沉积盆地的中心地带。矿层的特点是厚度大、倾角平缓、稳定。

　　鄂尔多斯盆地延长组纵向上细分为5个岩性段，10个油层组，属于大型内陆湖盆。盆地延长组7个油层分布在盆地南部，单层厚度为15~30米，最厚处可超过40米，含油率为5%~10%。油页岩埋深0~500米内，可露天开采的油页岩达1450万吨，折算页岩油73亿吨，分布面积达5100平方千米。另外，埋深在500~1000米，可井下开采的油页岩达2900亿吨，折算页岩油145亿吨，分布面积达9400平方千米，这是非常巨大的油页岩资源。

鄂尔多斯盆地内陕西省已探明的矿区有6处，其中铜川市烈桥塔尼河矿区含油率为6.8%，彬县张洪矿区含油率为6%~8%。在内蒙古自治区有杨树沟、巴格莫都及东胜等矿区。杨树沟油页岩产于侏罗系，有19层，总厚62米，埋藏较浅，适于露天开采，含油率为4%~11%；巴格莫都矿区油页岩产于侏罗系，共有6层，矿区面积达500平方千米，含油率5%~7%，层位稳定，产状平缓，结构简单，适于露天开采。

（1）坳陷

坳陷泛指地壳上不同成因的下降构造。这一术语无尺度大小和形态的限制，如盆地、坳槽、地堑、裂谷等。而这种下降可以直接起因于垂向地壳运动，也可以由侧向挤压或伸展所导生。

（2）碎屑

碎屑是指主要来自于陆源区的母岩经过物理风化作用（机械破碎）所形成的碎屑物质，亦称陆源碎屑。碎屑是沉积岩或沉积物的一种组分，可以是单矿物的，也可以是岩石质的，前者称为矿物碎屑，后者称为岩屑。

（3）岩性段

岩性段是一种划分地层的单位。在地层研究中，为了解一个地区的地层层序及沉积环境的演变，为了相邻地区进行对比，为测绘地质图的需求，需要从一个地区开始研究。根据岩性变化、岩性组合差异、沉积韵律、沉积间断可划分为群、组、段、层四个级别。

51
吉林省农安、桦甸油页岩

　　农安油页岩矿区地处松辽盆地东南隆起区，位于吉林省农安市。油页岩产于白垩纪地层中，矿区产状平缓，全区由东至西有两排构造线，4个主要隆起带，分别为青山口、公主岭、登娄库和韩小铺，形成4个构造系统。农安矿区是中国已知的油页岩储量最大的地区，地质部门普查储量高达162亿吨，几乎占中国已知储量的一半。农安油页岩虽埋深较浅，但层厚很薄，而且含油率大都在5%以下，如找到含油率较高的地区，才值得开采。（注：油页岩含油率在5%以下为贫矿，含油率大于10%为富矿，中国油页岩资源多介于5%~10%之间。）

　　松辽盆地油页岩主要形成于中生代，发育于白垩系青山口组与嫩江祖。油页岩主要沉积于深湖—半深湖沉积环境。

🔍 井下作业施工

　　桦甸油页岩矿区位于吉林省桦甸市北侧，主要有公榔头、大城子、北台子等矿。公榔头矿位于桦甸盆地东部，大城子矿位于桦甸盆地中心，北台子矿位于桦甸盆地西端台地上。此外，东南部还有庙岭矿区，总面积80平方千米。桦甸盆地为新生代古近纪断陷盆地，桦甸油页岩的时代为古近纪渐新世—始新世，由下而上分为三段：下部为黄铁矿段，上部为含煤段，中部为油页岩段。中部油页岩段更有砂岩等，总厚为65~244米，有油页岩3~14层，一般厚度为1~2米，最厚达4.2米，矿层沿走向自东往西厚度变薄，层数减少，含油率则由东往西有逐渐增高趋势。总探明量4.1亿吨，可采储量3.1亿吨，含油率平均为10%，属富矿，埋深较大，须井下开采。

（1）隆起

　　隆起泛指地壳上不同成因的上升构造。这一术语无尺度大小和形态的限制，例如穹窿、拱曲和变质核杂岩构造等。而这种上升可以直接起因于垂向地壳运动，也可以由侧向挤压或伸展所导生。

（2）产状

　　产状是物体在空间产出的状态和方位的总称。除水平岩层呈水平状态产出外，任何面状构造或地质体界面的产状均以其走向、倾向和倾角等数据表示，称为岩层产状三要素。

（3）沉积环境

　　沉积环境指岩石在沉积和成岩过程中所处的自然地理条件、气候状况、生物发育状况、沉积介质的物理的化学性质和地球化学条件。一般可分大陆环境、海陆过渡环境和海洋环境三大类。

52
其他地区油页岩概况

新疆准格尔盆地博格达山麓油页岩，分布于吉木萨尔、阜康、米泉及乌鲁木齐市妖魔山和红雁池，东西125千米，南北9~15千米。油页岩赋存于古生界二叠系，矿层厚度大，露头多。妖魔山油页岩含油率平均为6.5%，适合露头开采。妖魔山、水磨沟、芦草沟、黄山街等地区层厚40~60米，江河地区在沉积中心厚达200米。油页岩呈灰色、黑色和黑褐色，可分为纸状油页岩、层状油页岩和砂岩夹薄层油页岩。纸状油页岩赋存于芦草沟组，含油率较高，估计资源量为50亿吨。油页岩形成于深湖—半深湖沉积环境，主要为腐泥型、腐泥—腐殖型。

黑龙江省达连河油页岩产于依兰县达连河煤矿，油页岩与煤矿共生。油页岩形成于古近纪（早第三纪）始新世，达连河组地层为一套

🔍露天煤矿

河湖相的含煤油页岩的沉积组合，油页岩属于腐泥—腐殖型，含油率为1.6%~8%。

海南省儋州长坡矿区，为隐伏的陆相盆地。油页岩赋存于古近纪地层，油页岩与褐煤互层共生，可露天开采。矿层分上中下三层，上层油页岩平均厚6米，平均含油率5.2%，热值7.3兆焦/千克；中层油页岩平均厚度44米，平均含油率5.2%，热值5.3兆焦/千克；下层油页岩平均层厚4.6米，平均含油率4.2%，热值4.2兆焦/千克。长坡矿区油页岩储量为24.5亿吨。

甘肃省天祝县炭山岭和永登县密街油页岩产于侏罗纪的含煤地层中，含油率6%~10%，可与煤同时开采，油页岩形成于湖相沉积，探明储量两亿多吨。

（1）妖魔山

妖魔山就是雅玛里克山位于乌鲁木齐市西侧，在沙依巴克区辖区内。山势呈南北走向，外围周长16千米，最高点青年峰海拔1391米。妖魔山油页岩矿产丰富，含油率平均为6.5%，且埋藏较浅，适合露头开采。

（2）沉积中心

沉积中心指盆地或坳陷最细沉积物分布区，为中心沉积相发育区。陆相盆地的沉积中心多为生烃凹陷，沉积中心的缓缓迁移，常总体控制着油气、煤等资源的生成、运聚和分布。

（3）海南儋州

海南儋州位于海南岛的西北部，陆地面积3400平方千米。儋州市是海南省土地面积最大、人口最多的县级市，也是海南西部的经济、交通、通信和文化中心。区内有蕴藏量相当丰富的石英砂、油页岩、花岗岩、火山灰、重晶石等十多种矿产。

53
美国油页岩资源分布

🔍 **湖边抽油机**

美国油页岩储量巨大，约占世界总量的70%，页岩油资源约3000亿吨。目前寒武系至古近系广泛赋存。最重要的矿藏有两个，其一为科罗拉多州、俄明州及犹他州的古近系始新统的绿河构造；其二为美国东部泥盆系—密西西比纪的黑色油页岩。其他矿藏分布于内华达、蒙塔纳、阿拉斯加及堪萨斯等州，但都较小，或品位较低，或未经详查。

美国绿河油页岩矿藏是世界上最大的油页岩矿藏，为湖泊沉积，时代为始新世和中新世。绿河油页岩的原生物主要是蓝绿藻，还有鱼、贝壳、昆虫、陆地植物等。油页岩分布面积65 000平方千米，生成于5000万~6000万年前的两个巨大湖泊：一个为科罗拉多州和犹他州之间的犹莫塔湖；另一个为怀俄明州的恪舒特湖。总页岩油资源约为2150亿吨。科罗拉多州毕逊斯盆地是绿河页岩最发育的盆地，页岩油资源量约为1710亿吨，盆地面积4600平方千米，油页岩厚度达180米，含油率3.8%~18.1%，平均约10%。犹他州尤因盆地油页岩矿藏面积2150平方千米，页岩油资源约80亿吨。怀俄明州绿河盆地页岩油资源约350亿吨，瓦沙基盆地资源较少。

美国东部黑色油页岩矿藏位于密西西比河东部，生成于晚泥盆纪，早密西西比年代，分布广泛，面积达725 000平方千米，平均含油率9.5%，油页岩层很厚，部分又露天开采，埋深小于200米的页岩油资源约为300亿吨。

（1）科罗拉多州

科罗拉多州是美国落基山区一州。全州平均海拔2072米，为50个州中地势最高的一个州。矿产历史上曾盛产金、银，现以钼、铀、锌、钒、铜、铅、石油、煤和天然气为主。钼产量居全国首位。

（2）犹他州

犹他州位于美国西部，人口约250万，约80%人口居住于首府盐湖城。主要城市有盐湖城、奥格登和普若佛。犹他州由于山多，气候干旱，可耕地不多，畜牧业收入占农牧业的70%左右，出产牛和奶类、火鸡和鸡蛋、羊和羊毛等。盐湖城西南40多千米的宾厄姆峡谷，坐落着世界上最大的露天铜矿。

（3）密西西比河

密西西比河是世界第四长河，也是北美洲流程最长、流域面积最广、水量最大的河流，位于北美洲中南部，注入墨西哥湾。干流发源于苏必利尔湖以西，美国明尼苏达州西北部海拔501米的小小的艾塔斯卡湖，向南流经中部平原，注入墨西哥湾。

54
俄罗斯油页岩资源分布

　　俄罗斯已发现的油页岩矿藏有80多处，主要分布于圣彼得堡地区波罗的海盆地的库克瑟特，已开采的矿藏仅有数处。俄罗斯油页岩绝大多数（98%）为海相生成。俄罗斯油页岩矿藏绝大部分存在于其亚洲部分。

　　著名的库克瑟特油页岩矿藏主要分布于爱沙尼亚，但矿藏的东部延伸于俄罗斯欧洲部分的圣彼得堡地区。库克瑟特由于生成于奥陶

🔍 冬季油田

纪，赋存于波罗的海盆地，其原生物主要是藻类。油页岩为很多的薄层，其间夹有石灰岩层，每层厚度为0.01~2.4米，总厚为5米，埋深40~175米，库克瑟特油页岩含油率高达20%，页岩油资源约36亿吨。

俄罗斯最大的油页岩矿藏在其亚洲部分西伯利亚地台的奥林尼克斯基盆地，生成于寒武纪，面积达10 000平方千米，油页岩达8499亿吨，含油率虽然不高，但页岩油也有340亿吨。

俄罗斯伏尔加盆地油页岩位于其欧洲部分的伏尔加河沿岸，生成于侏罗纪，面积达10 000平方千米，油页岩层厚5~50米，预测储量298亿吨，探明储量32亿吨，含油率15%。

（1）圣彼得堡

圣彼得堡是俄罗斯第二大城市，位于俄罗斯西北部，波罗的海沿岸，涅瓦河口。圣彼得堡是俄罗斯的政治、经济、文化中心，也是俄西北地区中心城市，又称"北方首都"。圣彼得堡拥有众多的高等院校、科学研究机构，称为俄罗斯的科学文化艺术首都。

（2）波罗的海

波罗的海是世界上盐度最低的海，也是世界最大的半咸水水域。波罗的海是北欧重要航道，也是俄罗斯与欧洲贸易的重要通道，航运意义很大，是沿岸国家之间以及通往北海和北大西洋的重要水域，从彼得大帝时期起，波罗的海就是俄罗斯通往欧洲的重要出口。

（3）伏尔加河

伏尔加河又译窝瓦河，位于俄罗斯西南部，全长3690千米，是欧洲最长的河流，也是世界最长的内流河，流入里海。伏尔加河在俄罗斯的国民经济中，在俄罗斯人民的生活中起着非常重要的作用。因而，俄罗斯人将伏尔加河称为"母亲河"。

55
油页岩的开采

油页岩的开采与煤的开采完全类似，可分为露天开采和井下开采。

地下的油页岩层倾角较缓，埋藏深度较浅，也就是岩土层覆盖较薄。例如，在地面以下不深于500米，而且油页岩层很厚，如数十米厚，就可以采取露天开采油页岩的方法，即剥离覆盖于有油页岩层上面的岩土，使油页岩敞露于地表，从而进行开采。当油页岩层埋深大于500米时，通常须采用地下（井下）开采方法。

井下施工工人

露天开采必须考虑的首要条件，除了油页岩在地下的埋深外，还需要考虑剥采比，即覆盖于页岩层上，应剥离的岩土量与可采出的油页岩量之比，是露天开采经济的重要因素。

露天开采油页岩较地下开采优点很多，如投资少、建设快、产量大、费用低、油页岩损失少，采出量可达90%以上，劳动生产率高，作业较安全，易于一起开采伴生矿物等特点。但与地下开采油页岩相比，也有一些缺点，例如，受气候影响较大，占用地面较多等。

抚顺（辽宁）和茂名（广东）的油页岩均为露天开采，其开采工艺是采用钻孔、爆破、电铲采装、铁道运输等方法。开采占用人力较多，但投资较少。尤其是抚顺，油页岩位于煤层之上，是采煤时顺便开采的副产品，因此油页岩的价格较低；再加上中国重视油页岩干馏产物的综合利用，所以成本低于国际天然石油的价格。

（1）岩土

岩土是从工程建筑观点对组成地壳的任何一种岩石和土的统称。岩土可细分为坚硬的（硬岩）、次坚硬的（软岩）、软弱联结的、松散无联结的和具有特殊成分、结构、状态和性质的五大类。中国习惯将前两类称岩石，后三类称土，统称为"岩土"。

（2）劳动生产率

劳动生产率是指劳动者在一定时期内创造的劳动成果与其相适应的劳动消耗量的比值。劳动生产率水平可以用同一劳动在单位时间内生产某种产品的数量来表示；也可以用生产单位产品所耗费的劳动时间来表示。

（3）伴生矿物

伴生矿物指在自然界中出现于同一空间范围内的不同种矿物。伴生矿物只考虑空间上在一起，而不管彼此间在形成时间上和成因上是否有一定的联系。

56
油页岩的干馏

油页岩的干馏是在隔绝空气的条件下，加热到450~550℃，使其热解，生成页岩油、页岩半焦和热解气的方法。

油页岩的干馏通常包括三个过程：

首先要对油页岩加热，由热的气体或热的固体把热量传给油页岩的表面，然后由表面向油页岩内部进行传热。油页岩块越小，热量越容易传到其中心，油页岩加热所需的时间也就越短。

○ 草原上的石化工业

其次，油页岩受热后，其中有机质受热分解，称为油页岩的热解。这一过程是产生页岩油和气态产物的主要过程，并且油页岩中的一部分矿物质也可能受热分解，放出部分化合水和二氧化碳。

最后一个过程是热解反应的产物扩散与逸出的过程。热解生成的液态产物汽化后，与气态产物一起，首先通过页岩内部的孔隙和毛细管而扩散到油页岩块以外，然后通过页岩间的孔隙到页岩层以外，最后通过页岩层外空间而导出干馏装置。产品中液态产物通常分出不混合的两层：一层是页岩油，一层是水溶液。

这三个过程都需要一定的时间，但在油页岩干馏时，这三个过程是互相联系又并行的。

（1）化合水

化合水是指燃料中的结晶水，又称结合水。化合水在结构中占有一定的位置，须加热至相当高的温度才能使其脱失，并伴随有因结构变化或破坏所引起的放热效应。土壤中的化合水是束缚水的一种，不能直接参加所进行的物理作用，也不能被植物吸收。

（2）毛细管

毛细管通常指的是内径等于或小于1毫米的细管，因管径有的细如毛发故称毛细管。例如，水银温度计、钢笔尖部的狭缝、毛巾和吸墨纸纤维间的缝隙、土壤结构中的细隙以及植物的根、茎、叶的脉络等，都可认为是毛细管。

（3）水溶液

水溶液指用水作溶剂的溶液。水在生命演化中起到了重要的作用。人类很早就开始对水产生了认识，东西方古代朴素的物质观中都把水视为一种基本的组成元素，水是中国古代五行之一；西方古代的四元素说中也有水。水可以用来溶解很多种物质，是很好的无机溶剂。

57
油页岩的干馏工艺

⟲ 储油罐

油页岩干馏可分为地下干馏和地上干馏。

地下干馏是指埋藏于地下的油页岩不经开采，直接在地下设法加热干馏。例如，向地下油页岩层导入空气，燃烧一部分油页岩，热的烟气对剩下的油页岩加热干馏；另一种办法是向地下插入电热棒对油页岩加热干馏。地下的油页岩干馏分解，生成页岩油气，然后输送到地面。

地下干馏又称就地干馏。地下干馏由于油页岩不需开采而节省了开采费用，这样可降低页岩油的生产成本。但地下干馏生成的油气容易向地下其他岩层泄露，所以油收率不高，而且容易导致地下油气污染。

地上干馏是把地下埋藏的油页岩开采出来（或露天开采，或井下开采），然后运到地面上来，经过破碎、筛选、磨细到所需粒度或块度，进入干馏炉内加热干馏，生成页岩油气及页岩半焦或页岩灰。地上干馏的投资较地下干馏高，但油收率也比地下干馏高。地上干馏产出的页岩半焦、页岩灰需要进行适当的处理，最好加以综合利用，否则会造成对环境的污染或不利影响。

（1）电热棒

电热棒是一种管状会发热的电热元件，按材质可分为金属棒、石英棒、陶瓷棒、碳纤维棒和硅胶棒等。电热棒是以金属棒为外壳，沿管内中心轴向均布螺旋电热合金丝的空隙填充压实具有良好绝缘导热性能的氧化镁砂，管口两端用硅胶密封，这种电热元件可以加热空气、金属模具和各种液体。

（2）生产成本

生产成本是生产单位为生产产品或提供劳务而发生的各项生产费用，包括各项直接支出和制造费用。直接支出包括直接材料、直接工资、其他直接支出（如福利费）；制造费用是指企业内的分厂、车间为组织和管理生产所发生的各项费用，包括分厂、车间管理人员工资、折旧费等。

（3）油页岩干馏炉

油页岩干馏炉指用于油页岩的低温（约500℃）干馏以制取页岩油的主体设备。油页岩干馏炉类型很多，按所用加热载体的相态不同，可分为气体热载体干馏炉和固体热载体干馏炉两大类。

58

真地下干馏和改良式地下干馏

地下干馏又可分为真地下干馏、改良式地下干馏和电热法地下干馏。

真地下干馏是指地下油页岩不经处理，通过钻孔，设法使油页岩层破裂。再从地面上把空气送入地下油页岩层，将油页岩加热干馏。生成的页岩油、页岩气导出地面，生成的页岩半焦则被后续的空气燃烧成页岩灰。与此同时，燃烧生成的热烟气继续向前流动，

 抽油机

加热干馏页岩，从而使地下干馏过程不断推向前进。但因油页岩层很致密，气流很难穿过空隙，对油页岩进行加热干馏，效果不明显。

改良式地下干馏就是把地下油页岩层采出一小部分，形成一定空间，再对地下油页岩层进行爆破，使其成为碎块，而形成空隙，再通入空气，进行加热干馏，产生页岩油气。由于油页岩层已被爆破成碎块，因此气流可以比较顺利地通过油页岩块与块之间的孔隙，从而使得地下干馏的过程顺利地进行。

（1）页岩气

页岩气是从页岩层中开采出来的天然气，往往分布在盆地内厚度较大、分布广的页岩烃源岩地层中。与常规天然气相比，页岩气开发具有开采寿命长和生产周期长的优点，大部分产气页岩分布范围广、厚度大，且普遍含气，这使得页岩气井能够长期地以稳定的速率产气。

（2）气流

气流泛指任何运动着的空气流。简单地说，气流就是空气的上下运动，向上运动的空气叫做上升气流，向下运动的空气叫做下降气流。上升气流又分为动力气流、热力气流、山岳波等多种类型，滑翔伞一般利用动力上升气流和热力上升气流两种来完成滞空、盘升和长距离越野飞行。

（3）爆破

爆破是利用炸药在空气、水、土石介质或物体中爆炸所产生的压缩、松动、破坏、抛掷及杀伤作用，达到预期目的的一门技术。研究的范围包括：炸药、火具的性质和使用方法，装药（药包）在各种介质中的爆炸作用，装药对目标的接触爆破和非接触爆破，各类爆破作业的组织与实施。

59
电热法地下干馏

1980年，美国壳牌公司开始开发电热法地下干馏油页岩工艺。该工艺可分为两步进行。

第一步：冻结油页岩层干馏区的地下水。将干馏区周围每隔一定间距垂直钻孔，插入通有循环冷冻液的钢管，从而对干馏区周围的油页岩层进行冷冻，使地下水冷冻，不能进入干馏区，也使干馏产生的页岩油不致向周围外泄。

第二步：待干馏区周围冻结后，在干馏区若干加热井内插入电热棒，使

 石油化工装置

区内的油页岩被缓慢加热，从常温加热到440℃，油页岩被热解，生成的页岩油气从产出井导出来。

该方法于1997年在美国的科罗拉多州马霍甘尼进行试验，2004—2005年一个试验区的结果表明，升温速率达每日2℃，到2004年5月开始出油，到2004年12月出油达到高峰，然后减少，到2005年6月出油终止，共产油250吨，出油率为68%。页岩油较轻，有石脑油馏分30%，轻柴油馏分30%，喷气燃料馏分30%，渣油分10%。

这种方法的优点是不需要开采油页岩，用水少，可处理深层油页岩，可处理低品位油页岩。

（1）壳牌公司

壳牌公司是世界第二大石油公司，总部位于荷兰海牙，由荷兰皇家石油与英国的壳牌两家公司合并组成。它是国际上主要的石油、天然气和石油化工的生产商，同时也是全球最大的汽车燃油和润滑油零售商。它亦为液化天然气行业的先驱，并在融资、管理和经营方面拥有丰富的经验。

（2）地下水

地下水是贮存于包气带以下地层空隙，包括岩石孔隙、裂隙和溶洞之中的水。地下水是水资源的重要组成部分，由于水量稳定，水质好，是农业灌溉、工矿和城市的重要水源之一。但在一定条件下，地下水的变化也会引起沼泽化、盐渍化、滑坡、地面沉降等不利自然现象。

（3）石脑油

石脑油是一部分石油轻馏分的泛称。在常温、常压下为无色透明或微黄色液体，有特殊气味，不溶于水。密度在650~750千克/米^3。硫含量不大于0.08%，烷烃含量不超过60%，芳烃含量不超过12%，烯烃含量不大于1.0%。

60 油页岩的利用途径及评价

🔍 采油作业景观

油页岩工业利用途径有两个：一是炼油、化工利用；二是直接燃烧产汽发电。

炼油化工利用，是将油页岩进行干馏，制取页岩油和副产物硫酸铵、吡啶等。页岩油进一步加工，则可生产汽油、煤油、柴油等轻质油品。油页岩直接燃烧，是将其在专门设计的锅炉中燃烧产汽发电，油页岩干馏炼油残留的页岩灰和油页岩燃烧生成的页岩灰，均可用作水泥等建筑材料的原料。

一般认为，油页岩是低热值燃料，油页岩炼油厂或油页岩电站的投资大。据估计，年产百万吨页岩油，从油页岩开采、干馏，到加工成油，需投资8亿元；同时生产费用高，利润少，甚至有亏损。但是，随着国际石油危机的到来以及石油价格的猛涨，同时由于油页岩综合利用的进展，尽管投资较大，大规模开发在经济上仍不失其应有的价值。

迄今为止，世界上用油页岩生产页岩油的，只有中国、前苏联和美国等国家。

油页岩主要可用于干馏、制取页岩油、半焦燃烧发电、页岩灰制取建材（水泥）等。页岩油为油页岩干馏的主要产品，因此油页岩的含油率是评价某一个油页岩矿藏的利用可行性的最重要指标。

油页岩也可以作为低热值的固体燃料，直接用于锅炉燃烧，产生蒸汽发电，页岩灰可用来制水泥等建材。

中国各地的油页岩的热值，应在3500~4000千焦/千克，在经济上才是值得用于燃烧发电的。

（1）吡啶

吡啶是含有一个氮杂原子的六元杂环有机化合物。可以看作苯分子中的一个（CH）被N取代的化合物，故又称氮苯，无色或微黄色液体，有恶臭。吡啶及其同系物存在于骨焦油、煤焦油、煤气、页岩油、石油中。

（2）轻质油

轻质油一般泛指沸点范围50~350℃的烃类混合物。在石油炼制工业中，它可以指轻质馏分油，也可以指轻质油产品。前者包括汽油（或石脑油）、煤油（或喷气燃料）、轻柴油（或常压瓦斯油）等馏分；后者是轻质馏分油经过精制过程后（有时还需加入添加剂）得到的油品。

（3）矿藏

矿藏指地下埋藏的各种矿物的总称，即埋藏在地下的各种自然矿物资源。如石油、煤、铁、石棉、石膏、铜、锡、锰、硫、盐和芒硝等矿藏。除了在陆地上有矿藏，海洋中也有丰富的各类矿藏。